咖啡的世界

李维锦　李三强　编著

云南科技出版社

·昆明·

图书在版编目（CIP）数据

咖啡的世界 / 李维锦, 李三强编著. —— 昆明：云
南科技出版社, 2017.8（2025.3重印）

ISBN 978-7-5587-0793-3

Ⅰ.①咖… Ⅱ.①李… ②李… Ⅲ.①咖啡—文化
Ⅳ.①TS971.23

中国版本图书馆CIP数据核字（2017）第207439号

咖啡的世界

李维锦　李三强　编著

出 版 人：温　翔
责任编辑：苏丽月
责任校对：秦永红
责任印制：蒋丽芬

书　　号：ISBN978-7-5587-0793-3
印　　刷：云南金伦云印实业股份有限公司
开　　本：787mm×1092mm　1/16
印　　张：15.5
字　　数：358 千字
版　　次：2017 年 8 月第 1 版
印　　次：2025 年 3 月第 3 次印刷
定　　价：58.00 元

出版发行：云南科技出版社
地　　址：昆明市环城西路 609 号
电　　话：0871-64134521

序

在世界的每一个角落，咖啡以其独特的魅力，连接着人们的生活与情感。从古老的埃塞俄比亚高原到繁华的纽约街头，从巴黎的文艺咖啡馆到东京的现代咖啡连锁，咖啡不仅仅是一种饮品，更是一种文化，一种生活态度。

在今天的中国，咖啡已经变成了一个潮流的标签、消费的热点，还有市场的潜力股。但是，咖啡到底是什么，为什么这么多人喜欢喝它，它的过去和现在是怎样的，大家对咖啡又是怎么看的呢？

《咖啡的世界》带领我们探索咖啡的全球之旅，在这全球咖啡版图中，有一个地方正以其独特的地理优势和文化背景，逐渐成为世界咖啡界的新星——中国云南。近年来，中国咖啡市场蓬勃发展，消费者对咖啡品质和文化的追求日益提升。从一线城市到小城镇，咖啡馆如雨后春笋般涌现，成为人们社交、休闲的新场所。咖啡不再仅仅是一种提神饮品，而是融入了人们的日常生活，成为一种时尚和文化的象征。

云南，这片神奇的土地，拥有得天独厚的自然条件，为咖啡的生长提供了优越的环境。高海拔、肥沃的土壤、适宜的气候，使得云南咖啡豆具有独特的香气和口感，备受国际咖啡市场的青睐。从最初的零星种植，到如今的大规模产业化发展，云南咖啡在短短几十年间取得了令人瞩目的成就。

咖啡——这一颗神奇的果实，能令人精神焕发。究竟是什么让人们如此痴迷于咖啡？难道仅仅是咖啡因的魅力在作祟？咖啡的历史源远流长，已有千年之久，其中蕴含的故事与秘密不计其数，即便是自诩为"咖啡控"的人，也未必能全然知晓。

谈及咖啡，其声誉似乎呈现出两极分化的态势。一方面，咖啡的时尚消费热潮此起彼伏；另一方面，关于咖啡对健康不利的言论却屡见不鲜，甚至有人将喝咖啡视为一种罪恶的享受。在这个环境污染与食品安全问题频发的时代，健康和生命无疑成了人们最为珍视的财富。任何可能对身体造成损害的因素，都会遭到人们的坚决拒绝。因此，在咖啡消费如火如荼的今天，咖啡的传播之路并非一帆风顺。每当提及咖啡，人们总会抛出这样的问题："茶对身体有益，咖啡又有何好处？""对健康不利的东西，我们坚决不喝。"显然，在大力推广咖啡及其文化之前，有必要为咖啡正名。

咖啡中蕴含着丰富的成分，如多聚酚、多聚糖、绿原酸等。从咖啡起源的传奇故事中，我们可以了解到，咖啡最初是因其药用价值而被人们发现的。尽管这些故事无法用科学证据来佐证，但从咖啡被禁与流行的历史变迁中，不难看出，咖啡因始终是引发争议的关键因素。咖啡因，这种带有苦味的有机化合物，能够刺激我们的神经系统、心脏和呼吸系统。适量的咖啡因还能缓解肌肉疲劳、促进消化、增强肾脏功能，并具有利尿作用，有助于身体排出多余的钠离子。或许正是因为咖啡因的这些益处，咖啡才能够在历经重重困难后，依然风靡至今，成为世界三大饮品之一，甚至成了全球第二大贸易商品。因此，咖啡从药用、食用到饮用的演变历程，是一条清晰而明确的发展轨迹。

　　咖啡的探寻并非一朝一夕之功，在探寻答案的过程中，不妨静下心来，放松身心，尽情享受一杯美味的咖啡，细细品味咖啡世界带给我们的无尽欢乐。这正是《咖啡的世界》一书所要传达的精髓所在。

目录

01
走进咖啡文化

43
认识咖啡

105
云南咖啡

走进咖啡文化

咖啡是一种日常饮料，在国外更是人们的精神饮料。在意大利，人们一般都会选择到咖啡馆喝意式浓缩咖啡；在美国，人们更喜欢喝大杯的美式咖啡；在今天的中国，越来越多的人爱上了喝咖啡，进而了解和探索咖啡的文化。咖啡与人类的起源都可以追溯到非洲。谁又能想到，一颗红色的种子，一次传奇的发现促成了国家的形成、革命，甚至启发科学创造，如果不相信，那就给自己倒上一杯咖啡，慢慢读下去……

了解咖啡的起源与传播

"咖啡"一词源自希腊语"Kaweh"，意思是"力量与热情"。咖啡树是属茜草科的常绿灌木或小乔木，日常饮用的咖啡是用咖啡豆配合各种不同的烹煮器具制作出来的，而咖啡豆就是指咖啡树果实内的果仁，再用适当的烘焙方法烘焙而成。

有关咖啡起源的传说各式各样，不过大多因为其荒诞离奇而被人们淡忘了。但是，人们不会忘记，非洲是咖啡的故乡。咖啡树很可能就是在埃塞俄比亚的卡发省（KAFFA）被发现的。后来，一批批的奴隶从非洲被贩卖到也门和阿拉伯半岛，咖啡也被带到了沿途的各地。可以肯定，也门在15世纪或是更早就已开始种植咖啡了。阿拉伯虽然有着当时世界上最繁华的港口城市——摩卡，但却禁止任何种子出口。这道屏障最终被荷兰人突破了，1616年，他们终于将成活的咖啡树和种子偷运到了荷兰，开始在温室中培植。

一、咖啡的起源

（一）牧羊人的传说

早在1671年，黎巴嫩语言学家浮士德·内罗尼的著作《不知道睡觉的修道院》中记载了咖啡被发现的过程。

公元6世纪左右，在非洲埃塞俄比亚的高原上，牧羊人卡尔迪偶然发现他的羊群疯狂地喧闹，而且会不分昼夜，一直都很兴奋。经过多次探查，他发现每当羊群吃了一种野生灌木的果实之后，就会不由自主地呈现这种兴奋状态，所有的羊都那样兴奋却安然无恙。卡尔迪耐不住心中的好奇，决定也要尝尝那些似乎具有某种魔力的漂亮、艳丽的果实。于是，他采摘了一些成熟了的果实，忐忑不安地仔细品尝起来。

咖啡的起源：牧羊人的传说

卡尔迪惊奇地发现，那些羊群经常争吃的那些小小的红色果子竟然犹如水果那样的甘美香甜，吃过之后还口有余香。而且，他还感到自己的身体好像忽然轻松舒爽起来，精神也格外地兴奋，卡尔迪禁不住为自己的发现欣喜若狂。后来，他将这件事告诉给了他的修道院僧侣朋友，这些僧侣们品尝过这些果子后都觉得神清气爽。此后这种果实在修道院里被用作提神药，以便僧侣们能轻松完成各种活动。这种果实据说就是最早的"咖啡豆"。慢慢地，当地老百姓也开始试着像吃水果一样吃成熟的红色咖啡浆果，还用水煮着喝，这种风气由埃塞俄比亚兴起，并迅速传到阿拉伯各国，成为伊斯兰教国家的代表性饮料。在"牧羊人"的故事里，发现咖啡的牧羊人卡尔迪就是一个阿拉伯人，而接下来的这个故事中的主人公也同样是一个阿拉伯人，这大约与咖啡最早大规模种植和饮用是出现在阿拉伯有关。这个故事最早记载在伊斯兰教徒阿布达尔·卡迪《咖啡的来历》（1587年）一书中。

（二）阿拉伯僧侣的传说

阿拉伯半岛的守护圣徒西库阿·卡尔第的一个弟子，名叫西库·欧玛，他出身贵族，是摩卡地区的酋长。在1258年，摩卡公主生病了，欧玛便被派去给公主祈祷，渐渐的公主的病痊愈了。年轻的欧玛却爱

咖啡起源：阿拉伯僧侣的故事

上了美丽的公主，但他与公主并不相配的社会地位触怒了国王，遭到了被国王流放的惩罚，国王将他从也门的摩卡流放到很远的瓦萨巴。有一次，欧玛在山中悲伤地漫无目的地走着，非常饥饿，走不动了便靠坐在树根上休息时，无意中竟然发现有一只鸟飞来停在枝头上，以一种他从未听过、极为悦耳的声音啼叫着。他仔细一看，发现那只鸟是在啄食枝头上的红色果实后，才扯开喉咙叫出美妙的啼声的。于是他无聊地采摘了些果子带在身上，很久以后，他找到了落脚的地方。在一次烧开水时，无意中身上曾经采摘的已经干瘪的果实掉到了锅里，欧玛也懒得将其捞出来。待开水烧开时，水中却散发出一种非常美妙的香味，当欧玛喝下以后，顿时觉得疲惫的身心一下神清气爽起来了。欧玛高兴得手舞足蹈，跪在地上感谢真主的恩赐。于是他便采下许多这种神奇的果实，遇有病的人便拿给他们熬成汤来喝，很多病人因为喝了他的"药"很快就痊愈了。由于他四处行善，受到信徒的喜爱，不久他的罪行得以赦免。回到摩卡的他，因发现这种果实而受到礼赞，人们并推崇他为圣者。而当时神奇的治病良药，据说就是咖啡。

二、咖啡的用途

（一）从食物到饮料

如同咖啡是如何被发现及如何传到阿拉伯世界的历程一样，它从食物变为热饮的发展过程，也是一桩历史悬案。早期的欧洲探险家与植物学家认为，伊索比亚（今埃塞俄比亚）人咀嚼生咖啡豆，显然是偏好其刺激效果。他们也把熟的咖啡果实捣碎，和动物脂肪混合，再把混合后的糊状物制成小丸子。这种由脂肪、咖啡因与肉类蛋白质合成的物质是使精神集中的原动力，尤其当部落间发生冲突、战士们必须全力以赴时，

咖啡起源地：非洲的埃塞俄比亚

这种东西能使他们集中精力，所以显得特别珍贵。由于其果肉味甜且含有咖啡因，因此成熟的咖啡果实也可以当成水果食用。开始的时候，咖啡在阿拉伯可能也被当成食物，直到后来与水混合，才变成一种饮料。把一些完整的豆荚在冷水中浸泡，再把它们放在火上烘烤，然后放在水里煮大约30分钟，直到产生淡黄色液体。这种液体便是咖啡饮料的雏形。到公元1000年左右，这种饮料仍是由绿色咖啡豆与其豆荚初制而成。直到13世纪，人们才在加工咖啡豆之前先将其干燥。咖啡豆被摊在阳光下晒干，一旦变干，就能保存得较久。之后，才有在炭火上烘焙咖啡豆这一技术上小小的进步。

（二）早期的药用

起初，咖啡只在宗教典礼或医师处方中使用。自从医学界发现它的妙用，就有越来越多的医生在处方中写上它。咖啡可以用来治疗许多疾病，如肾结石、痛风、天花、麻疹与咳嗽。一篇17世纪末的文献中引述了植物学家帕尔斯佩尔·阿尔皮诺斯的著作。在他关于埃及的《医药与植物》一书中就明确写出咖啡可以治愈很多的女性病。他继续描述了当时的咖啡是要求如何冲煮的："咖啡的煎熬方式有两种：一种是用表皮或之前提及的果粒外皮；另一种是直接使用咖啡豆。使用表皮煎的这种方式效果更好……"

果粒被放入一个铁制器具中，用盖子紧紧地盖住，人们用一把烤火叉把该器具在火上翻转，直到这些果粒被完全地烘焙。然后把果粒碾成细粉末，再根据人数，以同等比例来分配：即约每人三分之一匙，放入一杯滚烫的水中，再加入一些糖。煮一小会儿后，马上把它倒进小瓷杯或其他杯子里，以便能趁热啜饮。

（三）阿拉伯的葡萄酒

阿拉伯的宗教团体纷纷效仿亚丁（Aden）的穆夫提（Mufti，伊斯兰教领袖）以及他的信徒们，慢慢地养成了喝咖啡的习惯。其后，咖啡逐渐延伸到了宗教以外的领域。亚丁城的居民们也率先喝起了咖啡。穆夫提在穆斯林律法方面颇具威望，因此人们料想他自己都在饮用的东西一定不会是违反教义的，因此教徒纷纷仿效，尝试这种新的饮料。

在清真寺里，等教徒们喝够了咖啡以后，伊玛目（Imam）也会给其他在场的人们提供咖啡。如此隆重的形式伴着虔诚的颂歌声，使喝咖啡本身成了一种陶冶身心的活动。然而所有尝过咖啡的人都一下子喜欢上了这种饮料，不久，想要喝咖啡的人们便相互转告，去清真寺祷告就可以得到喝咖啡这一犒赏。

宗教领袖们出于对咖啡逐渐流行的担忧，试图限制人们饮用咖啡。伊玛目和教徒们只有在进行夜间祷告时才可以喝咖啡，医师们也只允许在处方中少量使用。然而，即使对宗教不是那么热心的人也坚持到清真寺参加晚间的祷告，同时医生也开始不断针对各种病症使用咖啡，所以想限制咖啡的饮用是很困难的。

人们在清真寺里喝到了咖啡后，觉得这种神清

咖啡：阿拉伯葡萄酒

气爽的状态也有利于社交。不久之后，人们开始公开出售这种饮料，吸引了各色人等前来购买，有法律系的学生，有上夜班的工人及旅行者。最后整个城市都加入该项交易，不仅在夜晚，而是一天24小时不间断进行，甚至在家里都卖起了咖啡。在从日出到日落都禁食的斋月里，热气腾腾而香味浓烈的咖啡自然尤其受欢迎。

早期记载也显示，有一种酒是由咖啡成熟果实的果汁发酵而成。这种酒能使人精神亢奋，阿拉伯语"嘎华"（Qwaha），即为"酒的意思"，这个词被同时用来指酒与咖啡。因为穆罕默德禁止穆斯林饮酒，所以咖啡便被昵称为"阿拉伯葡萄酒"。

阿拉伯咖啡馆

（四）咖啡的流行

这种新式饮料迅速从亚丁传播到邻近的城镇，到15世纪末时传到了圣城麦加。在这里，就如当初的亚丁，咖啡还只限于清真寺里的教徒们饮用。

不久居民们也开始在家里或是特定的公共场所饮用咖啡。显然人们从中获取了极大的享受，正如一位阿拉伯史学家这样写的："这些人们打着喝咖啡的幌子，几乎把所有的时间都用来聊天、下棋、跳舞、唱歌，想尽一切方法来消遣。"

麦加作为伊斯兰世界的中心，它的社会与文化潮流不可避免地成为其他大城市里人们纷纷效仿的对象。因此很短的时间内，喝咖啡的风气几乎席卷了北非及东方的印度，进军的军队进一步促进了咖啡文化的传播。无论军队走到哪里，咖啡总是相伴相随，传遍整个阿拉伯半岛，并向西传到埃及，向北传播到叙利亚，此后传向了南欧国家和西班牙。

咖啡就此成为中东人民生活中不可或缺的一部分。这种饮料甚至成了保持社会稳定的关键因素之一。在很多地方，婚姻文书中明确规定，丈夫必须允许妻子想喝多少咖啡就喝多少咖啡，否则，妻子就有足够的理由要求离婚。

三、咖啡的传播

（一）从非洲大陆到西亚

1.咖啡在也门

咖啡树在公元575年至850年间从伊索比亚传到阿拉伯。究竟是如何流传的并不清楚，可能是因为一些非洲部落从肯尼亚和伊索比亚往北迁移到阿拉伯半岛时带去了树种。虽然后来他们被手持枪矛的波斯人赶了回去，但咖啡树却留在了今天的也门。

另外一种可能是阿拉伯的奴隶贩子在伊索比亚掠夺的过程中把咖啡种子带了回来，或者咖啡更可能是由苏菲派的苦修者们带回来的。苏菲派是伊斯兰教的一个神秘派别，以"旋转舞"而知名。经典的阿拉伯文献也证明了这种说法，据说是苏菲派的一位大师——阿里班·欧麦尔·阿尔·夏第里把咖啡种子带到了阿拉伯半岛。阿尔·夏第里在也门的港口城市摩卡找到一座修道院之前，曾在伊索比亚住过一段时间。他后来成为摩卡城的圣者，虽然故事有所不同，但此处的阿尔·夏第里似乎和那个被流放后发现了咖啡果实的欧玛是同一个人。

道格拉斯博士在底诺伊特尔先生的手稿中发现了一种可信度极高的说法。底诺伊特尔先生是在法国路易四世时，驻在这些阿拉伯港口的大使。这份文件是在1587年由一位阿拉伯人撰写的，记载了咖啡的最早使用及其后来传遍中东的历史。作者写道，15世纪中叶，亚丁的穆夫提在旅游途中经过波斯时，恰巧遇上一些同胞在喝咖啡。当他病恹恹地回到亚丁时，便想这种饮料也许可以让自己恢复健康，于是派人去拿了一些。结果发现它不仅可以提神且不影响健康，还可以去除疲倦，让他比以前更有活力。

这位穆夫提想把他的发现与其他苦修者分享，便在夜晚祷告开始前让他们喝咖啡。结果发现，他们竟然能以敏捷、从容的心态完成所有的宗教仪式了。

不管传播的路径或是情况如何，可以确定的是：第一株培植的咖啡树生长在也门修道院的花园里，且大部分阿拉伯国家有关当局都承认这与苏菲教派有着极大的关系。

2.咖啡在波斯

喝咖啡的习俗可能早在到达阿拉伯半岛之前就已经在波斯生根发芽。据说波斯的士兵赶走了想在也门立足的伊索比亚人。毫无疑问，波斯士兵一定是很喜欢伊索比亚人所栽种的咖啡树上的果实，然后把它们带回了自己的国家，关于亚丁城穆夫提的故事也是发生在15世纪中期的波斯王国。

很早以前，大多数的波斯城镇以时髦、宽敞且坐落在城市最繁华地带的咖啡屋为荣。这些咖啡屋以快捷、高效以及"满怀敬意"的服务而著名。咖啡屋中常见的政治讨论及由此引起的骚动常常被人们很低调地忽略过去，似乎顾客们对快乐主义的追求更感兴趣。波斯的咖啡屋因闲聊、听音乐、跳舞及"其他这类的事情"而闻名，甚至还有几篇报道说政府不得不对咖啡屋里发生的一些"声名狼藉的行为"叫停。

一位英国旅行者讲了这样一个故事：一位伊朗王妃巧妙地安排一位穆拉（mullah）——关于法律和教会事务的专家，让他每天都到一个热闹而受欢迎的咖啡屋去坐坐。他的任务就是坐在那里，给那些老主顾们讲一些诗歌、历史及法律的东西供他们消遣。穆拉言语非常谨慎，常常避免探讨敏感的政治话题，因此咖啡屋里就很少再发生骚乱了。而穆拉也成了咖啡屋里很受欢迎的客人。

看见这个计策有了成效，其他的咖啡屋也竞相效仿，都雇起了自己的穆拉或是专门讲故事的人。这些人都坐在咖啡屋中央的一个高椅子上，"发表一些演说，讲一些讽刺故事，同时手里拿根小棒，做一些滑稽的动作，就像我们在英格兰见到魔术师那样"。

3.咖啡在土耳其

尽管咖啡已经传播到了叙利亚，但直到很久之后才传入邻近的土耳其。随着奥斯曼帝国的扩张及来自阿拉伯穆斯林的征服，土耳其人似乎终于充满报复性地开始喜欢上了咖啡。一位在君士坦丁堡的英国医生这样写道："若一个土耳其人生病了，他会什么东西都不吃，只喝咖啡。如果咖啡也不管用，他就开始写遗嘱，却从不考虑去看医生。"

根据16世纪的一位阿拉伯作家所说，君士坦丁堡最早的两家咖啡屋是由两位叙利亚实业家在1554年建立的，他们敏感而迅速地发现了这一时尚。他们的咖啡屋装饰得很精巧，让人赞叹不已，他们就在"整洁的躺椅和精致的地毯上招待客人，最开始的顾客大部分是勤奋的学者，爱好象棋、巴加门及其他需要久坐的娱乐方式的人们。"接着许多同样华丽的咖啡店也竞相开张，速度之快都能让一些虔诚的穆斯林感到恐慌。这些咖啡店的装修极其豪华，顾客们斜倚在靠垫上，听着故事或是诗歌朗诵，时常还有专门的演艺人员提供歌舞表演。

尽管咖啡屋的数目越来越多，但咖啡屋里还是人满为患。历史学家们对于咖啡屋中顾客们的社会地位持怀疑的态度，有些人认为频繁出入咖啡屋的都是一些下层社会的人，但也有一些人认为咖啡屋吸引着所有社会阶层的人。哈托克斯在《咖啡屋的社会生活》一书中写道："尽管社会各阶层的人都去咖啡屋，但并不是说他们去的都是同一个咖啡屋。"咖啡屋对于从事法律工作的人来说是一个有用的交际场所。因为据说咖啡屋的老主顾们通常都是来君士坦丁堡寻找职位的法庭巡审员、法律系或是其他学科的教授们，还有即将毕业、想找个体面工作的学生。甚至有人看见苏丹王宫的首席官员及其他高官也曾在咖啡屋逗留过。

一些在土耳其旅行的英国作家、植物学家及医生们从来没见过咖啡屋，因此花了大量的笔墨来记录他们的所见所闻。亨利·布朗特在他的《黎凡特之旅》中以充满惊奇的口吻这样写道："在铺着席子的约半米高的架子上，他们以土耳其人的方式盘腿而坐，大部分时候是两三百个人一起闲聊，时而还有一些音乐人穿梭其中。"

而乔治·桑迪斯爵士似乎带有一些不满，他这样写道："他们大部分时间都是坐在那儿聊天，然后从小巧的瓷器中啜饮着叫做咖啡的饮料。咖啡要越烫嘴越好，黑乎乎的像煤烟，尝起来味道却完全不同。据他们说这有助于消化，还能让人变得手脚敏捷。很多咖啡屋的老板都雇有年轻漂亮的小伙子，端咖啡、招揽客人。"

土耳其人在家喝的咖啡并不比在咖啡屋里喝得少。一位法国旅行者说："在君士坦丁堡，家庭开支用在咖啡上的钱可以和法国人花费在葡萄酒上的钱相比肩。"亨利·布朗特爵士在给朋友的一封信中说道："除了不计其数的咖啡屋以外，没有哪家的火炉上不是整天都在煮着咖啡的。"

布朗特接着赞美喝咖啡所带来的益处："土耳其人都承认喝咖啡能让他们的身体不会因为饱食或环境潮湿而感到僵硬，以至于他们早也喝、晚也喝。另外咖啡能帮助他们很少因潮湿而得肺结核，老年人不会嗜睡，孩子不会得佝偻病，孕妇也很少有恶心的症状了。他们尤其把咖啡当作特效药来防治结石和痛风。"

咖啡席卷了整个伊斯兰世界。此时此刻的欧洲还在黑暗时代里沉睡，而阿拉伯人已经开始尝试对咖啡树的种子（咖啡豆）风干、烘焙和研磨，进而做出符合我们当今标准的第一杯咖啡。

（二）咖啡传入新大陆

18世纪初，全欧洲的咖啡销量突破新高，各国愈发担忧他们所依赖的穆哈港（也门西南部红海边的一个小海港）至威尼斯港的贸易模式。荷兰人率先采取行动，他们在印度马拉巴尔区和荷属锡兰（今斯里兰卡）成功种植咖啡树幼苗，后来又将籽苗带到爪哇岛的巴达维亚（今印尼首都雅加达的旧称）。大约10年后，荷兰人在爪哇岛收获的360千克咖啡运抵阿姆斯特丹并卖出了天价，阿拉伯人对咖啡的垄断从此被打破。不久后，规模庞大的荷兰东印度公司从爪哇各殖民港运回的咖啡足以支撑半个欧洲的消费量，爪哇岛也永远和咖啡画上了等号。

荷兰人在印尼种植咖啡的同时，法国人把咖啡幼树带到了距离印度洋马达加斯加岛800公里的波旁岛（今称留尼旺）。有人说这些幼树来自爪哇岛，还有人说它们是某也门苏丹的赠礼，更有人声称该岛原本就产咖啡。无论真相如何，这一事件在我们今天了解的咖啡发展史上都是浓墨重彩的一笔，因为这些树苗突变为新的品种，即后来广为人知的波旁咖啡。

波旁咖啡品种比普通品种的结果量约高20%。1711年，某法国官员造访波旁岛，看到当地野生的咖啡树有3～3.65米高，果实累累。巴西于150年后才开始种植波旁咖啡，该品种历经20多次多基因突变和杂交，如今酸度干净，平衡丰富，无愧为全世界最受推崇的咖啡品种之一。

在印度群岛首先种植咖啡的国家很可能也是荷兰。早在1713年，他们就把植株送往荷属圭亚那的苏里南殖民地（南美洲东北部）。7年后的1720年，法国海军上校加布里埃尔·德克利携咖啡树孤苗远渡大西洋，成就了一段广为流传的咖啡远赴美洲的传奇故事。1774年，《文学年鉴》发表他的个人日志，详细介绍了那次有惊无险的旅程。如果德克利没有撒谎，那么好莱坞显然错过了这个百年难遇、一拍即红的好题材。德克利准确判断出咖啡可种植于甘蔗生长旺盛的区域，法属马提尼克岛（位于安地列斯群岛的向风群岛最北部）就成了他的必然之选。但我们的大英雄并没有属于自己的咖啡树，因此需要想方设法先弄到一棵。难题来了，整个法国在当地只有一棵咖啡树样品——阿姆斯特丹市长赠予法国国王路易十四的礼物，且保存于法国皇家花园的温室内。德克利凭英俊的相貌和绅士魅力引诱了一名品格优秀的当地女士，又怂恿她去魅惑某位皇家医师。德克利的手段确实比较邪恶，但那个医师最终还是从温室里把幼苗偷了出来，交到他的手上。

事不宜迟，德克利带着自己的战利品（安安稳稳地待在他自己制作的玻璃容器里），偷偷登上了一艘开往马提尼克岛的法国海军军舰。他究竟遭遇了哪些危险，我们不得而知。但根据他个人日志的记载，他保护着这棵树苗历经暴风雨、突尼斯海盗袭击、荷兰间谍偷窃未遂、食物短缺、海怪骚扰等诸多劫难。航行途中的某几周，饮用水实行定量配给制度，德克利不得不把他的配给分给他的宝贝树苗。他的苦心没有白费，德克利在马提尼克岛成功种下这棵树苗，结出的种子又培育出新的植株。仅仅过了9年，岛上光咖啡树就已经疯狂繁殖到300万棵左右。

马提尼克岛咖啡种植大获成功后，其他的法属岛屿或来此剪切枝条。咖啡于1723年传入哥伦比亚，接下来是1727年的巴西（据说是法属圭亚那总督的妻子给一位巴西陆军中校送礼时偷偷夹在花束里带过去的）、1728年的牙买加、1730年的委内瑞拉、1735年的伊斯帕尼奥拉岛（今天的多米尼加共和国和海地）、1747年的危地马拉和1748年的古巴。在加勒比海地区和中美洲附近破土的咖啡种植园就这样以指数速度增长。

1780年，海地岛附近的圣多明各撑起了半个世界的咖啡需求量。不得不说，整个美洲，甚至当时几乎所有商业性生产的咖啡，追根溯源都是法王路易十四在温室里保存的那棵孤零零的树苗。

（三）风靡全球

19世纪初，甜菜的培育发展对甘蔗造成了冲击，导致这种最可靠的美洲作物骤然跌价。然而，欧洲对咖啡的需求量持续增长，中美洲和南美的各殖民地只能增加产量并准备供应生豆。如果说1773年12月6日的波士顿倾茶事件还不足以让美国人投向咖啡的怀抱，那么1812年战争期间，美国临时中断茶叶货运、全面接收包括咖啡在内的法国商品，最终使得咖啡成为美国的国民饮料。

临街的咖啡馆

当时的巴西是世界上最大的咖啡出口地。与其说咖啡是农业作物，不如说它已经工业化了——这种定义咖啡的角度时至今日仍然被世界广泛认可。帕拉伊巴河流域到里约热内卢附近的大片土地被咖啡种植园吞没，成批的奴隶埋头苦干，咖啡大亨一个接一个地腰缠万贯。到1920年，巴西生产的咖啡占全世界总产量的80%，今天的份额则约为35%。

很遗憾，奴隶制、不平等、资本主义等关键词并非巴西的咖啡史所独有。纵观这种黑色黄金在19世纪和20世纪的传播历程，欧洲人及后来的美国人根据自己的意愿，反复利用其经济杠杆的力量无耻地秘密操纵咖啡生产国。咖啡犹如枷锁，束缚着这些处于早期发展阶段的国家，使其只能为满足西方富国的需求而服务。非洲的咖啡生产国大多笼罩在英国和比利时的殖民政策下，国家发展受限、裹足不前。肯尼亚和马拉维等国无法控制咖啡产量，更不享有其所有权。布隆迪的境遇更恶劣：1933年，管治布隆迪的比利时强令该国的农户每户至少栽种50棵咖啡树。

殖民地自治化运动于二战后发起，但相当多的咖啡生产国仍挣扎于自身的民间叛乱、社会剧变、经济衰退、政局不稳定、对外贸易禁运等难题，更无暇顾及干旱、咖啡叶锈病和咖啡市场的大动荡。这些国家已经满目疮痍，而走马上任的新政府多数情况下不比当年的殖民者好多少：危地马拉的当地家庭为了给咖啡种植园让路而被赶出故土；萨尔瓦多的果农被迫把农田交给国家种植咖啡，不仅没有补偿甚至几近血本无归。类似的这些政府法案令人不忍卒读。

　　道义上没有污点的成功案例虽远在天边、少得可怜，但确实并非所有国家都深陷咖啡问题的苦痛。中美洲国家哥斯达黎加是当今世界招牌性的咖啡产国，两个世纪以来，政府鼓励国民种植咖啡的和缓态度助益良多——他们甚至一度免费向民众发放咖啡种子和土地！

　　总的来说，20世纪对咖啡的需求仍在上升。美国的咖啡销售量每年都有微弱增长，于1946年达到顶峰；每个美国人平均每月能喝下将近1千克（2.2磅）的咖啡，这一数字是1900年的2倍。即使速溶咖啡的流行扩大了美国的进口额，反过来又推动了成本更低的罗布斯塔咖啡的市场，也让越南等国加入了咖啡生产国的行列。

　　在速溶咖啡面世之前的200年里，生咖啡于消费者由近到疏，这显然是一场大变革。咖啡最开始的定位是异国饮料，受众是咖啡馆里的食客。随着时间的流逝，人们开始习惯自己在家烘焙、冲煮咖啡。从在家烘焙咖啡到购买预烘焙的咖啡，这一过程的转变或许本应更短；而阻碍这种转变的罪魁祸首是消费者担心买到来路不明的冒牌烘焙咖啡：菊苣、豌豆、玉米，简直什么都能拿来充数。德国于1875年通过一项法令，禁止出售有假咖啡之名的"代用"咖啡豆。冒牌咖啡和掺假的残次品长期以来扰乱了德国的咖啡市场。据1845年某份家庭主妇杂志的提议，主妇们应该在研磨之前先把咖啡豆洗一遍，看看渗出来的痕迹就知道咖啡豆有没有被墨水染过了。新法令虽大大提升了消费者对烘焙咖啡现货的信心，显著提高了商业烘焙咖啡的需求量，却也迅速地消灭了在家烘焙咖啡的传统。

拓展知识　　　　　　咖啡的主要成分

名　称	作　用
咖啡因	有特别强烈的苦味，刺激中枢神经系统、心脏和呼吸系统。适量的咖啡因亦可减轻肌肉疲劳，促进消化液分泌。由于它会促进肾脏机能，有利尿作用，帮助体内将多余的钠离子排出体外。但摄取过多会导致咖啡因中毒
单宁酸	煮沸后的单宁酸会分解成焦梧酸，所以冲泡过久冷却后的咖啡味道会变差
脂肪	其中最主要的是酸性脂肪及挥发性脂肪
酸性脂肪	即脂肪中含有酸，其强弱会因咖啡种类不同而异
挥发性脂肪	是咖啡香气主要来源，它是一种会散发出约40种芳香的物质
蛋白质	卡路里的主要来源，所占比例并不高。咖啡末的蛋白质在煮咖啡时，多半不会溶出来，所以摄取到的量有限
糖	咖啡生豆所含的糖分约8%，经过烘焙后大部分糖分会转化成焦糖，使咖啡形成褐色，并与丹宁酸互相结合产生甜味
纤维	生豆的纤维烘焙后会炭化，与焦糖互相结合便形成咖啡的色调
矿物质	含有少量石灰、铁质、磷、碳酸钠等

咖啡营养成分表

每100克咖啡豆中营养成分如下表所示：

水分	1.2g	蛋白质	1.6g
脂肪	16g	钙	120mg
糖类	l.7g	磷	170mg
纤维素	9g	铁	42mg
灰分	1.2g	钠	3mg
维生素B$_2$	1.12g	咖啡因	1.3g
烟酸	1.5mg	单宁酸	8g

咖啡的功效

功　效	药　理
解酒	酒后喝咖啡，能使由酒精转变而来的乙醛快速氧化，分解成水和二氧化碳而排出体外
利尿除湿	咖啡因可促进肾脏机能，排出体内多余的钠离子，提高排尿量，改善腹胀水肿，有助减重瘦弱身；黑咖啡有利尿作用
缓解便秘	咖啡可以促进代谢机能，活络消化器官，对便秘有很大功效
改善肝脏功能	研究结果称患有肝炎或肝硬化等丙型（C型）慢性肝脏疾病的患者，每天饮用一杯以上滴漏咖啡（drip coffee）的话，其肝脏的机能将会得到改善
开胃助食	咖啡因会刺激交感神经，刺激胃肠分泌胃酸，促进消化、防止胃胀、胃下垂，及促进肠胃激素、蠕动激素，使快速通便
熄风止痉	咖啡可增加高密度胆固醇，加速代谢坏的胆固醇，减少冠状动脉粥样化、降低中风概率
美容皮肤	餐后喝杯黑咖啡，能有效地使皮肤变白；黑咖啡还可以促进心血管的循环
防止心血管疾病	低血压患者每天喝杯黑咖啡，可以使自己状态更佳；在高温煮咖啡的过程中，还会产生一种抗氧化的化合物，它有助于抗癌、抗衰老甚至有防止心血管疾病的作用，可以与水果和蔬菜媲美
消除疲劳	咖啡因是一种较为柔和的兴奋剂，它可以提高人体的灵敏度、注意力，加速人体的新陈代谢，改善人体的精神状态和体能，从而消除疲劳
预防胆结石	对于含咖啡因的咖啡，能刺激胆囊收缩，并减少胆汁中容易形成胆结石的胆固醇，研究发现，每天喝2～3杯咖啡的男性，得胆结石的概率低于40%
可防止放射线伤害	在老鼠实验中得到这一结论，并表示可以应用到人类
影响情绪	实验表明，一般人一天吸收300毫克（约3杯煮泡咖啡）的咖啡因，对一个人的机警和情绪会带来良好的影响
减肥	使用咖啡粉洗澡是一种温热疗法，有减肥的作用；咖啡可加快身体代谢，减少脂肪形成

🫘 走入咖啡馆

一、咖啡馆的兴起和演变

（一）咖啡馆的兴起

早期伦敦咖啡馆的内部

17世纪早期，咖啡豆远渡重洋来到英国。1652年，欧洲第一家咖啡馆在伦敦开业。帕斯夸·罗西的咖啡馆实际上只不过是一家货摊，它位于圣米迦勒教堂的庭院附近，与伦敦繁华的康希尔街一街之隔。据说罗西出生于17世纪早期的西西里岛，因为伦敦当地的酒馆主集体抵制他这个外来商人，精明伶俐的他退让一步，选择与伦敦城的自由市民克里斯托弗·鲍曼进行合作。他的小店一炮走红，这种神奇饮料的好处逐渐人尽皆知，很快货摊搬到了街对面，扩建成大咖啡店。

咖啡馆如雨后春笋般席卷了伦敦的大街小巷。距罗西卖出的第一杯咖啡仅过去了10年，伦敦就冒出了100多位咖啡馆老板，而咖啡馆也开到了牛津和剑桥两所大学里。到18世纪，有人估算伦敦的咖啡馆至少有上千家。

如果早餐喝了两便士就能灌得人烂醉如泥的淡啤酒，不妨试试效果极佳的短时醒酒剂咖啡。酒精通常能产生包括感官麻木等使人虚弱的效果，咖啡作为解毒药可以防止你因酒精中毒而大白天耍酒疯。这种土耳其饮料刺激大脑后能够激发与他人讨论的欲望，言语交锋的过程更在脑中升华得颇有仪式感；只要志趣相投，人们就很乐意理性地提出各种各样的话题。1674年，一首佚名英文诗这样形容咖啡："这颜色暗淡却有益健康的液体！它医治胃病，让天才的大脑转得更快，卸下回忆的压力，苦痛之人重生，既然不至疯狂，那就尽情释放灵魂吧。"

咖啡馆里不存在阶级的成见，也不会为你预留座位，谁都可以进。无论商人、政客、游说者、知识分子、科学家、记者、学者、诗人还是平民百姓，在这里都能坐着喝咖啡。有的人会来这里谈生意，但大多数人还是简简单单地享用咖啡；伴随着咖啡壶和烘烤盆里漏勺、长柄勺的叮当声响，挑自己喜欢的话题和人探讨一二。

约翰·斯塔基在《咖啡与咖啡馆的性格》（1661年）一书中极富表现力地总结了咖啡馆在人们心中的地位："咖啡馆里一视同仁。这里容得下任何人，只要想来，就能坐在椅子上喝咖啡。人人平等的权利很伟大，它曾是希腊罗马黄金时代所独有的，今天在咖啡馆得以重现。"

咖啡馆也是闲聊政治的理想场所，不信奉国教甚至叛国的言论或许已经屡见不鲜。英王查理二世的眼线耳目遍布伦敦各咖啡馆，他意图禁止民众群聚集社，遂于1675年12月29日设立法院，称咖啡馆让民众虚度光阴，商人也开始不务正业，罔视国召。不过由于咖啡馆老板和政客们的上诉请愿，这项法案未能生效通过。

17世纪的伦敦咖啡馆逐渐享有"便士大学"的美誉。它们成为新科学新思维发源的温床，无数的理论假说在此涌现，甚至某些自然哲学领域的示范和实验也在咖啡馆里上演。

很多咖啡馆以自己的特色话题，如商业、新闻、艺术或学习讨论等见长。希腊人咖啡馆、水兵咖啡馆和加拉维斯咖啡馆等店皆招待过克里斯托弗·雷恩（圣保罗大教堂的缔造者）和英国科学家罗伯特·胡克这样的大人物，伦敦最早期的科学家詹姆斯·霍奇森更把水兵咖啡馆当作自己的讲台。艾萨克·牛顿在1687年出版的名作《自然哲学的数学原理》中首次向世人发表万有引力定律。据说，剑桥大学咖啡馆对这本书的影响要远比掉下来的苹果多得多。

苏格兰学者亚当·斯密的《国富论》可能是史上最重要的经济与金融学类文献著作，而这本书的大部分内容就是在伦敦的英式咖啡馆里完成的。以英式咖啡馆为代表的咖啡馆充当了人们讨论商业贸易话题的公共休息室，遍布各殖民地咖啡馆的业务员在得到对资本有影响的消息后，第一时间将其传播至咖啡馆的信息网络内。英王推行严格的贸易协议时，乔纳森的咖啡馆反而取代皇家交易所，成了大受人们欢迎的贸易站。约1个世纪后的1773年，一群股票经纪人开了一家"新乔纳咖啡馆"，不过这一店没有多久就变成了证券交易所，即今天伦敦证券交易所的前身。

世界级的保险交易市场伦敦劳合社同样从一间咖啡馆开始起家，时至今日，工作在这里的服务人员还被人们称为侍者。《旁观者》《卫报》《闲谈者》等著名出版刊物或直接起源于咖啡馆，或受咖啡馆的极大影响。原先被社会上流阶层所把持的新闻报道和评论的特权，就这样一下子走进寻常百姓的生活。《闲谈者》于1709年创刊时，栏目标题甚至以伦敦的各著名咖啡馆而命名。

但咖啡本身似乎并未如此受人欢迎。目光移回1661年出版的那本《咖啡与咖啡馆的性格》，约翰·斯塔基用"煮沸的煤灰""有过期面包皮的味道"这样的词语形容他大加赞扬的这种饮料，而我们还听过"马的洗澡水""地狱热汤药"等说法。说句公道话，上文的这些描述的确是咖啡口味的不足之处。大多数的咖啡馆无疑会自己动手烘焙咖啡，但继承自土耳其人惯常使用的冲煮方法很可能是问题所在，那

装修豪华复古的咖啡馆

种反复煮沸的做法导致很多咖啡馆的出品又浓又苦。17世纪的某些咖啡食谱甚至还建议使用与咖啡渣共煮15分钟的有淡咖啡味的水。饮品的视觉美观似乎永远比风味更重要。某些咖啡馆开始尝试复杂的过滤技术，利用蛋清和明胶净化咖啡

咖啡馆逐渐成为重要的社交场所

成品，除去部分的沉淀物。咖啡馆还经常一大早就把当天的所有咖啡做好，有人来买就回锅再煮，这种利于生意的做法对咖啡风味有弊无利。

1672年，巴黎的首家咖啡馆开业，比伦敦迟了20年。多方消息称，我们的老朋友帕斯夸·罗西也参与此事的策划。很可惜，随着时间的流逝，这家咖啡馆没有留下任何痕迹。与之形成对比的是，于1686年开张的普罗可布咖啡馆是法国启蒙运动的著名会场之一，卢梭、狄德罗、伏尔泰等名人皆是这里的常客。据说，伏尔泰在普罗可布咖啡馆构思论证《百科全书》——世界首部现代意义的百科全书的时候，每天要喝上40杯咖啡。托马斯·杰弗逊和本杰明·富兰克林这两位美国国父也在普罗可布咖啡馆相遇。今天，这家咖啡馆依然开门纳客。

德富瓦咖啡馆在巴黎同样颇受欢迎，拉开法国大革命序幕的战斗口号就是在这里传出。1789年7月12日，卡米尔·德穆兰不顾秘密监视他的警察，愤而跳上咖啡桌，挥舞着手里的手枪，以历史上著名的呐喊"公民们！拿起武器"唤醒了他的同胞。两天后，巴士底狱陷落，法国大革命爆发。

17世纪70年代末期，大多数欧洲城市都至少拥有一间自己的咖啡馆。1671年，美国的第一家咖啡馆在波士顿开张。25年后，一位英国移民在南百老汇街为纽约打破了零的尴尬。

意大利最古老的咖啡馆

（二）咖啡馆的演变

在过去的半个世纪里，浓缩咖啡饮品文化几乎让整个世界的咖啡消费都走出了家门。虽然制作成品的过程较之以往略显复杂，但一提到充满浪漫感和火热激情的浓缩咖啡，人们还是不禁感叹欧洲大陆的意大利人成就了如此的丰功伟业。意式咖啡吧首次出现于20世纪50年代，伦敦、墨尔本、惠灵顿和旧金山等地的很多人最开始认为它是华而不实的伪咖啡吧，甚至是太过刻意、彻头彻尾的怪胎。1957年，社会学家理查德·霍巴特如此描述伦敦的一家意式咖啡吧："到处都是煮沸的牛奶味，简直要把我的心烤干了。"频繁光临的顾客大多是年轻一代的人，老一辈常常给他们贴上"胡闹、不检点、不负责任"的标签——不过话说回来，谁不是这样抱怨自己的下一代人呢。我敢这么说，那些投入意式咖啡吧怀抱的年轻人，不仅仅品尝了全新口味的咖啡，更体会到17世纪的咖啡食客在咖啡馆里所沐浴的启蒙和自由观念。

几十年过去了，从最初对意式咖啡吧的文化本能的抵抗到慢慢开始接受，欧洲大陆人书写了足够骄傲的一笔。意式咖啡机在当时成为现代化的象征，时至今日仍是证明一个人"品味得体"的有力佐证。

但真正能体现欧陆人嘴里"本我精髓"的意式咖啡吧——60秒足够你站着点咖啡、喝下肚、付款走人，连椅子都不用沾——却一直只存在于意大利本土。为满足工薪阶层、企业主管和夫人小姐吃午餐喝咖啡时的诸多要求，意式咖啡吧开始适应环境，不再那么咄咄逼人。过去的20年间，意大利人不惜架起围栏，想方设法留住浓缩咖啡的根基，但取而代之的新式咖啡鉴赏文化几乎与咖啡本身没什么关系，这确实无法不让人担心（尽管他们总会换个路子说服你）。

20世纪60年代末，伴随着西海岸的反政府情绪和原生态食物运动，美式咖啡连锁店出现了。这股浪潮今天依然汹涌，星巴克这样的咖啡馆不仅仅在西方世界的大城市、小乡镇随处可见，就连第三世界国家也没放过。"咖啡加奶还是加糖"的商业化概念实际上已经无处不在了。很多人都能看出来，世界上的各个城市越来越像彼此的复制品。无论你走到哪，都摆脱不了咖啡馆连锁店千篇一律的门面样式和内部风格，一想到咖啡馆初创时那寒酸的模样，两者对比，真是讽刺。

我们中的大多数人认为连锁店商业模式下咖啡馆遍地开花是件好事，最明摆着的理由是，它们品质可靠、稳定，无论身在何方都能找到，让我们在两点一线的公司和家之间有了"第三个去处"。虽然咖啡连锁店少了些个性，但总的来看，它们与17世纪的咖啡馆并无分别：清醒地认识到咖啡馆既是喝咖啡的所在，又能让（美国华盛顿州西雅图市第一家星巴克）人感受到更高层次的文化价值观，进而在二者之间巧妙地施以平衡。想想看，星巴克的座位就等于一张入场券，那里可以是无话不谈的讨论会，也可能是创意无限的自由空间，科学与艺术的研究手段，媒体库或前沿新闻的消息中心，你所需要的，只是一台笔记本和一个无线上网密码。星巴克曾经自豪地在商标里打上"星巴克咖啡"的字样，如今，他们对咖啡只字不提。这充分说明了一件事，咖啡连锁店里美国华盛顿州西雅图的咖啡可有可无。说到过去20年我们的最大进步，就是点单时的判断力越来越敏锐了。商业大街的环境愈发同质化，而我们在咖啡

美国华盛顿州西雅图市第一家星巴克

馆里点单的每个细节就成了一种富有表现力的差异化选择。我们可以交流个人口味，也可以对店里的产品聊聊看法。咖啡连锁店的标准咖啡单大概提供六类饮品、四种牛奶、两三级浓缩咖啡浓度、半打调味酱和三款大小不同的杯子，加起来得有一千多种不同的排列组合。咖啡单的设计秘诀就是要一目了然，这样店员们就能以最快的速度处理点单、拿出成品。当然，大多数人还没走进咖啡馆就想好要点什么了，哪怕稍有迟疑，也能从一千种选择中挑出想要的。现在想来，真是快得吓人。

今天推崇的概念是听从咖啡师的选择（不久前刚被世界最好的咖啡馆大肆称赞过），以品质为先的时髦客们集体推动了这次新浪潮的诞生。咖啡馆犹如繁华都市的极简主义避风港，咖啡再一次伴随着反文化运动而出现。咖啡的知识、品质和对细节的把握是压倒一切的主题（代价是有时候会牺牲掉优秀的服务），而重中之重就是上好的咖啡。这些咖啡馆开始选择有个性的加工手法和冲煮方法。大多数的时候，我们很信任咖啡师的专业建议，双方的互动就越来越全面。就这样，一杯咖啡的整体概念不再只是靠咖啡因提神的饮料、无拘无束的乐趣或个性的表达方式；它进化了，进化得如品味红酒佳酿或美味牛排般玄妙与精致，自然博得这些细致的咖啡食客的青睐。

很难说未来的咖啡馆会发展成什么样，但我相信人人皆能从中受益。很显然，看重原产地、追求咖啡本质、注重手工技艺的小型独立咖啡馆，正愈发有力地冲击着大型咖啡连锁，而大型咖啡连锁在员工培训和产品品质等方面的改善也会跟上步伐。我敢打赌，独立咖啡馆如果师从连锁店，特别是美国咖啡连锁店的客户服务标准，定会收获颇丰。而某些业界最前沿的咖啡馆应该俯下身来听听我的看法，对咖啡知识的全面了解固然是你们引以为傲的优势，但这种自信往往给人带来疏远感——"您想要虹吸法冲煮的金蜜帕卡玛拉咖啡吗？"——这听起来的确很傲慢。我希望再过几年，这种现象就能消失。

二、咖啡馆的类型

（一）咖啡馆的分类方法

近几年，随着国际交流活动的频繁展开，人们的生活方式在发生着变化，咖啡这个舶来品在中国的消费量日益增长。咖啡行业处于激烈竞争的状态，各种类型的咖啡馆都存在。然而，由于行业的发展水平依然比较低，业内对咖啡馆的分类尚不明确。根据我国目前咖啡馆业态情况，基本可以按照下面的情况来进行分类。

咖啡馆的投资主体是多样的，根据投资主体的不同可以将咖啡馆划分为国际连锁咖啡馆（如星巴克、咖世家咖啡连锁）、国内连锁品牌咖啡馆（如猫屎咖啡连锁、太平洋咖啡连锁）、国内外合资连锁品牌咖啡馆（如豪丽斯咖啡、漫咖啡）和私营精品咖啡馆。

根据经营项目来划分，咖啡馆则可以分为传统咖啡馆、酒吧咖啡馆、餐饮咖啡馆和主题咖啡馆。

根据咖啡豆供应商类型来划分，咖啡馆可以分为商业咖啡馆和自家烘焙咖啡馆。

无论哪一种咖啡馆的经营，都不可完全取决于经营者的主观愿望，而应考虑到环境的特点和顾客的需要。一般来说，按照公众消费习惯的普及程度进行分类最能反映咖啡馆的发展形态。

（二）国内主要咖啡馆的类型

1.休闲型咖啡馆

此类咖啡馆具有一定的特色和主题。其所处的环境往往是在古迹、非热点旅游景点内或周边，经营内容和环境有很特别的内涵和韵味。这种类型的咖啡馆的顾客也具有特定的消费目的，他们通常是专门来访，一般都有很充裕的时间。顾客并不急于离开，无论是挑选饮料还是等待制作都表现得比较悠闲，所以咖啡师有充裕的时间精心制作每一杯咖啡。

这是目前国内最流行的咖啡馆的类型，特别是带有私人性质的小型咖啡馆，为了降低房租成本，人们通常找一些相对较偏，距离商业中心较远的地方来建造咖啡馆。由于顾客和咖啡师的时间比较充裕，咖啡饮料的种类设置也相对较多，以便客户有更多的选择。

2.商务型咖啡馆

这类咖啡馆通常设在办公环境内或附近，包括工厂、写字楼、大专院校和其他机构内部或附近。其顾客群通常是办公人员，他们没有太多的空闲时间，往往是在上班前，或者工作时间内需要咖啡来帮助提高效率，或消除疲劳，同时，咖啡馆也是他们的交流场所。

国内现有的咖啡馆以国际大型连锁咖啡机构为主，也包括一部分国内的连锁咖啡馆。其特点是规模较大，因此这种场所的租金通常很高，小型投资者无力承受。其咖啡的制作品质不高，往往靠舒适的环境、豪华的装修来吸引顾客，相当于商务洽谈和会友的场所。顾客一般没有非常充裕的时间，不便于设置太多、太复杂的咖啡种类。常以最流行和传统的咖啡饮料为主，以便顾客快速找到自己所喜欢的咖啡饮料，不耽误时间。

3.街边饮料店、售货亭

这是国外非常流行的一种咖啡服务方式，也是大多数国际大型连锁咖啡机构的主要服务方式。其特点是快捷服务，包括汽车专用通道，以便开车的人不下车就能买到一杯咖啡。有些是在某些临时活动场所提供特定时间内的咖啡服务。

目前，这类咖啡服务在国内还很少见，主要是因为在卫生管理方面没有相应的条款和约定，所以很多人即使有这方面的想法，也无法实施。上海等地有这样的先例，可能是因为制度不明确，能否申请到合法的经营执照要看个人的能力和机遇。该类咖啡馆的要求就是简单方便，绝大多数人都是买了咖啡之后一边走一边喝，大多没有座位。点单时间不长，不适合设置太多的品种，一般只设置最常见的品种，让想喝到自己喜欢的咖啡的人满意即可。

4.咖啡餐厅

这是一种快餐厅的经营理念，一般饭店里都有，其作用是全天提供简单的餐饮项目。由于一些正餐厅在非就餐时段不营业，所以，如果这时顾客需要就餐通常会选择到这样的地方来。在一些特殊地带，如机场、火车站，这类餐厅24小时营业，以便于人们在饭前与饭后继续逗留。由于目前国内的咖啡服务受到了制作品质的限制，大多数咖啡馆的咖饮料销售情况不是很好，因此很多咖啡馆转向提供就餐服务。然而该类服务的价格相对较高，如果所在地区的客户消费能力和需求不一致，经营的效果就不会很理想。这是一种餐饮结合的服务场所，既非正餐，也不完全是休闲式咖啡馆。顾客的类型较多，全天营业不分时段，基本情况与麦当劳等大众化餐饮服务场所相似。

5.俱乐部型咖啡馆

该类场所通常设置在环境内部，不允许外部人员进入。因此它更多的是一种服务条件，而不是商业经营环境。根据服务对象的特点，设置要求通常比较高，需要提供高档且优质的服务，或根据服务对象的需要和环境要求，可能需要设置餐饮服务项目。该类型咖啡馆只能作为一个附加项目，不能要求盈利。

目前这类咖啡馆较少，只在个别场所内才有。因为人们太过于追求营利，所以难以设置成功。少数电影院勉强设置简易的咖啡馆，但未能达到应有的效果。该类场所的服务对象通常也是在工作时间内到访，因此服务项目不宜设置过多，以能够满足人们对自己熟悉的咖啡饮料的需求为原则即可。作为一个附加项目，有的咖啡服务可能是免费的，有的可能是低价格销售的，这就需要环境管理机构与咖啡服务机构之间的协调与配合。

6.酒吧型咖啡馆

这类咖啡馆的服务时间通常是晚上，并以酒水的服务为主。国内习惯喝咖啡的人还比较少，大多数人更不会在晚上喝咖啡，但是对于很多习惯喝咖啡的外籍人士而言，晚上十一点之前喝一杯咖啡还是比较正常的，特别是在喝了较多的酒之后，喝一杯咖啡会感觉比较舒服。

国内酒吧的种类过于单调，服务项目也比较单一。少数提供咖啡饮料的酒吧，难以把咖啡制作得很好，也并不在意咖啡的制作品质，毕竟咖啡在销售中所占的比例还是非常少的。大多数开酒吧的人没有意识到，咖啡实际上是最能做出区别的饮料。虽然它带来的利润并不算大，但是可以起到区分和强化品牌的作用。

唯有品牌可以吸引到更多的顾客。由于咖啡在中国现有的酒吧环境中主要还是作为一种补充的服务项目，因此设置的种类不宜太多，制作不宜过于复杂，只要保证品质，能提供基本的咖啡饮料即可。

三、咖啡馆的功能

（一）咖啡馆的功能区布局

不管是何种类型的咖啡馆，首先，应该满足经营管理的实际需要。因此在设计装修的过程中，应该根据咖啡馆所在的地址进行功能设计。一般来说，咖啡馆的功能区可以分成门面、展示陈列区、会餐区、吧台区、洗消间、VIP区，如果空间允许还可以设置盥洗区。

1.门面

在咖啡馆门面设计中，装饰应与咖啡馆的整体风格相匹配，体现出明显的咖啡文化，能够使顾客产生强烈的视觉刺激，进而激起消费欲望。咖啡馆入口门面的设计应该注重从消费者的角度出发。从商业观点来看，门面应当是开放性的，所以设计时应当考虑到不要让顾客产生"幽闭""阴暗"等不良心理，否则会拒客于门外。因此，明快、畅通，具有呼应效果的门扉才是最佳设计。

将店门安放在店中央，还是左边或是右边，这要根据具体人流情况而定：一般大型咖啡馆的进出部位安置在中央，但小型咖啡馆的进出部位安置在中央是不妥当的，因为店堂狭小，直接影响了店内实际使用面积和顾客的自由流通。小型咖啡馆的进出门，不是设在左侧就是右侧，这样比较合理。店门设计，还应考虑店门前的路面是否平坦，是水平还是斜坡。前边是否有隔挡及影响店铺门面形象的物体或建筑。采光条件、噪声影响及太阳光照射方位等。

2.展示陈列区

整个咖啡馆的商品构成与配置需要经过系统地分类与搭配，但在表现之际，若未能运用展示陈列的技巧，则无法表现出咖啡馆的活力。同时，单调的摆设也未能塑造咖啡馆的特性。所谓的展示陈列，并非我们通常所指的橱窗展示或特别区位陈列，而应该是泛指各种陈列，它必须包括三大陈列项目：

（1）补充陈列

补充陈列属于陈列范围最为广阔的部分，整个店内的商品陈列空间都包括其中。由于陈列的重点在于销售，所以陈列应着重表现咖啡品牌的丰富感与个性化。

（2）展示陈列

展示陈列指咖啡馆的展示橱窗及吧台内特点区域的展示陈列。由于展示陈列的目的在于表现重点开发的组合效果，同时兼具诱导顾客的作用，所以展示上必须明确地打出一个主题，借以引来顾客。

（3）强调陈列

强调陈列主要指介于补充陈列与展示陈列之间的陈列形态，为了在各区位内达到促进销售的效果，必须利用壁面的空间、较宽阔的通路、货架或吧台的空间，就本区位的咖啡和饮料，选出具有代表性的咖啡进行陈列。

因此，咖啡展示陈列的作用，就是运用各种展示陈列的技巧，配合什器、装饰的运用，将咖啡的特性表现出来。一是为了达到促进销售的效果，二是为了烘托整个咖啡馆的气氛，所以必须要把握住广告的诉求效果。

3.会餐区

会餐区是整个咖啡馆占用面积最大的区域，也是咖啡馆产生经济效益的重要支柱。会餐区的设计要从咖啡馆的空间设计上进行考虑，注重咖啡馆人流特点，为客人创设私密、舒适的环境。因此，会餐区要在桌椅、灯光和摆设上进行全面考虑，注意色彩搭配上的一致性，要符合咖啡馆的风格定位。

一般来说，面积与座位的比例关系为1.1～1.7平方米/座。家具应成组地布置，且布置形式应有变化，尽量为顾客创造一个亲切的独立空间。咖啡馆的桌子一般按照2人、4人、6人、8人的规格来选择，通常以方形和圆形的桌子为主，既能够提供独立、私密的空间，也方便进行桌椅的移动。会餐区的椅子通常与桌子配套，尽量提供舒适、卫生、简洁的材质，让客人有温馨的感受。灯光的设计应该以柔和、明快、温暖的色调为主，满足客人在咖啡馆阅读、思考的心理需求。摆设则以体现咖啡馆经营特色的摆件、植物、图书和自助服务设备为主。

4.吧台区

咖啡馆吧台是整个咖啡馆的核心所在，也是客人进入咖啡馆之后最先接触到的地方。咖啡馆吧台应该具有鲜明的特色和个性，能够承担接待、销售、制作和出品的任务。

咖啡馆吧台应该设置在咖啡馆最显眼的地方，通过灯光、摆件来突出其核心地位。吧台是整个咖啡馆设备投资最大的地方，同时也是产品销售的中心，要注重吸引顾客在此停留。吧台区一般设置前吧台和后吧台，前吧台是面向客人的窗口，应该注意人流的及时疏散，保证客人能够最方便快捷地取得自己的咖啡饮品。同时为了方便店员与客人之间的直接交流和沟通，有些精品咖啡馆还会设置吧台凳让客人能够坐下饮用咖啡。

后吧台主要负责原材料加工、存储和展示的工作。后吧台会摆放一些纸作冰饮的器具、热水和净水设备以及原材料处理工具，也会设置一些简易的清洁区及工具收纳区。后吧台上方最吸引人的应该是咖啡馆的价目牌，有时也会在那摆放一些销售产品或者装饰品来吸引客人的眼球。

5.洗消间

洗消间属于后勤部门，主要负责清洗及消毒等工作，洗消间通常指咖啡馆用于消毒、清洁、回收等工作以及物品储存的房间。通常来说，如果咖啡馆经营食品，那么洗消间的要求将会更加严格，有些咖啡馆还会将洗消间与后厨合并。在筹备咖啡馆时应充分考虑洗消间的配置和证书办理问题，要符合食品卫生和检验检疫的要求。洗消间应该设置清晰的消毒流程，物品摆放应该有序整齐，还要挂上洗消间的卫生管理规则或者条例。

6.VIP区

大中型咖啡馆通常会在一定区域设置VIP区，目的是满足一部分客人对私密性的要求，同时也能够设置足够大的区域来满足聚会或者洽谈的需要。VIP区并不是简单地设置一个独立的空间，或者把包厢装修得更加豪华一些。咖啡馆的VIP区应该比普通的会餐区更加舒适和温馨，装饰和装修更加讲究个性化和特色。通常会根据一定的主题来设计，在这个独立的空间里，需要配合咖啡馆总体风格搭配颜色、灯光、家具和主题画。

（二）咖啡馆的氛围设计

咖啡馆最具体的综合表现就是整个营业空间，至于如何使整个营业空间有活力而凸显其特性，则有赖全店前勤和后勤作业的充分配合。对于一家咖啡馆的店内营业活动，可以分为两个层面加以讨论。首先是使客人能够在店内集中，进而促使更多的顾客饮用咖啡，以达成营销的效果。

消费者品尝咖啡，不仅有感于咖啡的吸引力，而且对于整个环境，诸如服务、广告、印象、包装、乐趣及其各种附带因素等也会有所反应。而其中最重要的因素之一就是休闲环境。如果范围再缩小一点，就是指咖啡馆内的气氛，对消费者的消费行为能够产生影响。主要体现在以下几个方面：

1.色彩的搭配

咖啡馆的色彩搭配一般都是配合客厅的色彩，因为目前国内多数的建筑设计中，咖啡馆和客厅都是相通的，这主要是从空间感的角度来考量的。对于咖啡馆单置的构造，宜采用暖色调，因为从色彩心理学上来讲，暖色调有利于促进食欲，能够使人有更多的安全感。

2.咖啡馆的风格

咖啡馆的风格是由家具决定的，所以，在装修前期就应该决定咖啡桌椅的风格。其中最容易发生冲突的是色彩、天花造型和墙面装饰品。总体来说，玻璃咖啡桌对应现代风格、简约风格。深色木质咖啡桌对应中式风格。浅色木质咖啡桌对应自然风格、北欧风格。金属雕花咖啡桌对应传统欧式风格。简练金属咖啡桌对应现代风格、简约风格、金属主义风格。

3.咖啡配套用具的选择

咖啡配套用具的选择需要注意与空间大小的配合，小空间配大咖啡桌，或者大空间配小咖啡桌都不合适。由于购买的实际问题，购买者很难把东西拿到现场进行比较。所以，先测量好咖啡桌的尺寸后，拿到现场做一个全比例的比较，这样会比较合适，以避免因过大或过小而造成不便。

4.咖啡桌桌布的选择

咖啡桌布以布料为主，目前市场上也有多种选择。如使用塑料咖啡桌布，在放置热物时，应该放置必需的厚垫（特别是玻璃桌子），否则桌子有可能受热开裂。

5.咖啡桌与咖啡馆沙发的配合

咖啡桌与咖啡馆沙发一般是配套的，但两者若分开选购，则需要注意保持一定的人体工程学距离（沙发到桌面的距离以30厘米左右为宜），这样舒适度比较高。过高或过低都属于非正常的使用高度，容易引起胃部不适。

太平洋咖啡馆

咖啡之翼咖啡馆

星巴克咖啡馆

拓展知识

咖啡店筹备工作介绍

一、选址条件须知

（一）商铺条件

（1）商铺实用面积：××平方米

（2）分摊面积：×平方米

（3）外摆面积（外摆是否需到城管部门办证）：××平方米

（4）商铺净高：×米

（5）商铺门宽：×米

（6）橱窗：×米

（7）商铺租期：5~8年

（8）商铺免租期：3个月（尽量争取，最少50天）

（二）商铺配套设施（由业主负责提供）

（1）供电：提供20kW以上电力，三相四线电：380V、220V、50Hz、150kW，电缆需由业主接驳到咖啡厅内指定位置。

（2）供水：提供2.5寸的进水管至咖啡厅内指定位置。

（3）空调：提供现有中央空调系统，须列明空调费用收取标准。

（4）消防：提供现有的消防系统，并出具消防部门验收合格证明。

（5）环保：提供排水管道，协助应受相关部门检查。

（6）车位：提供一定数量免费的临时停车位。

（7）电话：提供2条电话线。

（8）招牌：提供广告招牌位（包括：外立面、大厦内部及广场显眼处，此项尽量争取）。

（9）承重：提供楼板承重证明（大于400kg/m^2）。

（10）其他：洗手间指引。

（11）协调住户、商户间关系，协助办理各种证照。

（12）各种收费明细（租金/管理费/水电费/各种分摊费用等）。

二、店铺筹备期间证照的办理

（一）与工程施工相关的证照

1.消防相关证照

内部装修的平面蓝图、吊顶蓝图、电路蓝图、空调设计蓝图（通常由消防施工单位提供）。

（1）交所在区消防局申请，工程完工后审批，核准后发验收报告书或消防验收意见书（建筑消防设计防火审核意见书/建筑工程消防验收意见书）。

（2）消防的证照一般由做消防工程的办理。

2.户外广告发布许可证（市容管理部门）

（1）外立面/招牌广告。

（2）需准备外立面/招牌广告效果图（必须与原建筑物相符）、申请书、地理位置图、到当地市容管理部门办理申请手续。

（3）通常由做户外广告的施工单位办理。

3.占道手续（市政局占道办）

施工/停车占道、工程垃圾处置手续、占用便道手续。

4.环保许可证（环保局）

（1）隔油/排污/排烟防噪声手续。

（2）准备平面图、厨房图纸（特别是下水道部分）、申请书、房屋租赁合同复印件、地理位置图，到当地环保局填写申请表格，工程完工后审核、核准。

（3）通常由做厨房排烟设备的施工单位办理。

5.外立面施工和工程土的处理（环卫局）

咖啡店装修时的外立面设计，工程施工时产生的工程土、工程垃圾都需处理完善，且需向环卫局核准。

（二）与营业相关的证照

1.银行验资（所在区指定银行）

委托律师事务所出具手续，并将资金打入一般账户，一周后验资手续完成。办理个体工商执照不需要。

2.卫生许可证（卫生防疫站）

（1）需准备房屋租赁合同、位置图、厨房设计图、设备明细、卫生制度、消毒制度、组织结构、内部装修图、法人代表身份证（或暂住证）；到当地（区）卫生防疫站或卫生局填写申请表格；员工体检，办理健康证（法人代表和员工均需办理）健康证的使用受到区域限制，因此须在当地办理方可。

（2）法人代表参加相关培训。

（3）店铺平面设计图（厨房位置图）。

（4）可办理临时卫生许可证。

3.营业执照（工商部门）

（1）先进行企业名称核准。

（2）至工商部门领取申请表格，并按照申请表中说明的程序准备资料，一般需要准备房屋租赁合同、卫生许可证、房屋规划证、土地使用证、法人身份证及公章（法人投资有公章，如是个人投资的就没有）。

（3）可根据需要办理个体工商户/有限责任公司，经营项目至少应包含：冷热饮制售。

4.公司公章的办理（所在区公安局）

所在区公安局指定的刻章单位办理，看是否需要办理，需要营业执照复印件。

5.组织机构代码证（工商部门）

一般需要法人身份证复印件、营业执照、房屋租赁合同、法人名章、单位公章、税务登记证、营业执照。

6.税务登记证（所在地区的地税所）

（1）持营业执照，至当地税务局办理税务登记证后，购买发票。

（2）一般需要准备房屋租赁合同（贴印花税）、法人身份证复印件、营业执照、组织机构代码证。

7.开设公司基本户（银行）

在所在区带上公司的营业执照、法人身份证、税务登记证，开户许可证、财务章和法人章的模板。

（三）其他手续的办理

1.开业的相关手续（市容管理部门、综合执法部门）

2.其他当地需要的各种证照

（1）现各地办照设有便民服务的行政办证大厅，可以通过各职能部门的服务窗口办理各项申请手续。

（2）办证期间需要准备的各类文件有（部分）

· 法人代表身份证及复印件和照片

· 其他投资人身份证及复印件

· 办理人的身份证及复印件和照片

· 房屋租赁合同及发票及复印件

· 加盖公司公章的公司章程

· 房产证复印件（加盖产权单位公章）

· 房屋平面设计图（加盖有资质的设计单位公章）

· 外立面/招牌广告效果图

· 公章

三、开店筹备工作（时限是最大标准）

以下按开店筹备周期85天为例，对开业筹备工作分四个阶段进行倒排，其中的"完成时限"指该工作任务必须在距离预定开业日期××日前完成。

（一）店铺设计、进场筹备、证照办理、开工阶段

工作任务	负责部门 / 主要参与人员	完成时限
房屋租赁合同签订	投资人	提前90天
进行店铺平面布置的设计（约6天）	投资人/设计单位/总部	提前85天
店铺人员定编	投资人/店长	提前85天
店铺设计方案确定（约5天）	投资人/设计单位	提前80天
店铺施工系统图确定（约3天）	投资人/设计单位/施工单位	提前80天
与工程同期进行各项施工和经营证照的办理	投资人/施工单位	提前80天
全面开始招聘	投资人/店长	提前80天
店铺外立面设计方案确定（约3天）	投资人/设计单位	提前78天
店铺装修工程预算工程发包及定标（约3天）	投资人	提前78天
环保消防审批	投资人/施工单位	提前75天
空调工程施工方案确定	投资人/施工单位	提前70天
平面布置确定后即进行施工许可手续的审批	投资人/施工单位	提前70天
施工进场，放线	投资人/设计师/施工单位	提前70天
宿舍租赁、采购员工宿舍用具	店长	提前65天
组织召开第一次协调会、证照办理等相关事宜	投资人/店长/设计单位	提前60天
全体员工开始培训	培训师/店长	提前55天

（二）工程主体施工阶段工作任务

工作任务	负责部门／主要参与人员	完成时限
空调安装施工（约8天）	施工单位	提前60天
消防系统施工（约8天）	施工单位	提前60天
电话、有线电视的安装申请	店长	提前50天
无线网络安装申请	店长	提前50天
第二次协调会，各部门就所负区域与施工单位沟通	投资人/店长	提前40天
沙发开始定数量、并开始制作	供货商/店长	提前40天
桌椅尺寸和摆放位置案，确定设备	店长/施工单位	提前40天
定制家具	投资人/店长	提前40天
工程封顶阶段约20天、系统封顶	施工单位	提前30天
吧台设备、外场用品、制订合同	投资人/店长	提前30天

（三）设备/设施采买和安装阶段

工作任务	负责部门 / 主要参与人员	完成时限
开业前所需原材料并确定吧台长	供货商/投资人/店长	提前20天
吧台设备、外场用品、杂品陆续到货	投资人/店长	提前15天
签订店铺保洁合同	投资人/店长	提前13天
店铺收银系统安装调试设置、收银员上机实操	店长/财务/收银/系统提供商	提前12天
购买店内电器	投资人/店长	提前12天
组织全体员工会议、进展通报、鼓舞士气、 工作安排	投资人/全体员工	提前10天
开业启动方案（店内外宣传促销组合、安排 台卡海报设计、赠票印制等）	投资人/店长/分公司	提前10天
空调系统安装结束，初步验收	投资人/店长/施工单位	提前10天
店铺专用会员卡/票券和其他印刷品进货	投资人/店长/财务/物流	提前10天
员工到卫生防疫站检查身体办理健康证	全体员工	提前9天
组织相关人员开第三次协调会，安排工程收尾 验收事宜	投资人/店长/施工单位/ 店内各部门负责人	提前9天
采购后厨、吧台杂品	吧台长/采购	提前9天

（四）验收和预开业阶段

工作任务	负责部门 / 主要参与人员	完成时限
全面卫生清洁	保洁全体	提前8天
调料、冻品到货、验收	吧台长/采购	提前8天
消防工程验收	投资人/店长/施工单位/管理部门	提前7天
工程全部完工	投资人/店长/施工单位/管理部门	提前7天
采买员工餐用料，后厨出员工餐	店长	提前7天
工程验收	投资人/店长/施工单位/管理部门	提前7天
接洽礼仪公司，确认开业仪式方案（程序、礼品、邀请人员名单及请柬的发放等），开始办理开业仪式的市容等申请手续	投资人/店长	提前7天
安装饮水机、制冰机	投资人/店长	提前6天
茶几石材及桌脚到货安装	投资人/店长	提前6天
沙发到货	投资人/店长	提前6天
瓷器到货	投资人/店长	提前6天
购买店铺装饰品，布置	投资人/店长	提前5天
餐具的领用	投资人/店长	提前4天
店铺工程补漏结束，全部撤场	投资人/店长/施工单位	提前3天
员工正式换装上岗	投资人/店长	提前2天
确定开业宴请名单	投资人/店长	提前2天
开业日的最后准备和内部试营以及开业仪式模拟（仪式程序、发言稿、剪彩准备）	投资人/店长	提前1天

认识咖啡

咖啡长在咖啡树上，似乎谁都认得咖啡长什么样，但它们之间的差别还是值得详细说说。

了解咖啡物种和品种

一、咖啡的物种

咖啡与果实

咖啡树为茜草科咖啡属的开花植物，目前约有120种，体态从小型灌木到18米的高树不等。野生咖啡属物种毫无规律地生长于热带地区，至今仍不断有人发现全新的物种。严格来说，咖啡属只有两大物种经人工栽培用于生产咖啡：阿拉比卡种咖啡和卡尼弗拉种咖啡（通常被称作"罗布斯塔咖啡"）。但类似菲律宾等少数国家为满足国内咖啡消费的需要，另种植了第三个物种，利比里亚种咖啡（又被称为大果咖啡）。

全世界近七成的商业种植咖啡都是阿拉比卡品种咖啡，每年经烘焙的咖啡总量高达700万吨。罗布斯塔咖啡占据余下的市场，主要生产地有印度、印度尼西亚群岛的爪哇岛、苏门答腊岛及越南。越南贡献了接近世界总产量一半的罗布斯塔咖啡，是仅次于巴西的世界第二大咖啡生产国。

"罗布斯塔"的意思是强壮、健康的，顾名思义，罗布斯塔咖啡的抗病性要优于阿拉比卡咖啡。部分原因是罗布斯塔咖啡因含量更高，对小型害虫有更强的抑制作用。罗布斯塔咖啡的特点是单位采收期内长果量更高，而且相比于阿拉比卡咖啡一旦没及时采收就会掉到地上，罗布斯塔咖啡的成熟果实可以在树上挂很久。罗布斯塔咖啡的咖啡豆较阿拉比卡的咖啡豆更小更粗，味道更浓但略欠几分风味。基于此原因，小分量的罗布斯塔咖啡通常用于浓缩咖啡的拼配。意大利人尤其看重它咖啡脂质量高、咖啡因浓郁的特点，由此打造的每一份咖啡成品都效果奇佳。

你可能要问了，阿拉比卡咖啡究竟好在哪？答案毋庸置疑，它的风味最佳。阿拉比卡咖啡植株结的果实微妙风味更多，它的品种分布广泛、定义明确，制作出的咖啡外观及风格都特色鲜明。大多数品种的阿拉比卡咖啡是基因突变或两种父系阿拉比卡咖啡——帝比卡种和波旁种杂交改良而成的。帝比卡种（通常意义上的阿拉比卡种）是首个从埃塞俄比亚传入也门，后又传至印度的咖啡品种。1718年，从爪哇岛采集的帝比卡种样株传入印度洋马达加斯加岛以东800公里的法属波旁岛（今称留尼汪）。帝比卡种在此突变成新品种，即后来的波旁种。在今天的咖啡市场上，帝比卡种和波旁种是份额最大的阿拉比卡咖啡品种。

部分品种源自自然基因突变，其他品种则是人工杂交育种或原生种后天选育的产物。阿拉比卡物种是自花传粉植物，其基因种系遗传理应相当纯粹。但帝比卡种和波旁种先后被带往新的国度，异国的气候状况导致自然基因突变的发生，而经栽培的新品种所表现出的特点大多令人欣慰。

罗布斯塔咖啡的故事大体相同，但直到1895年，这一物种才被正式归入植物学分类体系（阿拉比卡种是1753年）。罗布斯塔咖啡原产于西非，经爪哇岛种植后传向全世界。同阿拉比卡咖啡相仿，罗布斯塔咖啡的品种很多，但风味大多平平，没什么让人眼前一亮的。

二、咖啡的基因

咖啡产业一直以来都将罗布斯塔视为阿拉比卡丑陋的姐妹，直到一个很有趣的基因学发现才揭开了这个谜底：有一回科学家进行基因序列比对时，发现这两树种压根不是兄弟姐妹或表亲，罗布斯塔其实是阿拉比卡的双亲之一。最有可能诞生阿拉比卡的起源地是苏丹南部，在那儿，罗布斯塔与另一种咖啡树种尤珍诺蒂斯交叉授粉，从而产生了全新的阿拉比卡，这个新树种自此开枝散叶，之后到了埃塞俄比亚继续繁殖，而埃塞俄比亚则也因此长期被认为是咖啡的起源地。

虽然许多咖啡树种的树形及果实长得与我们认知的咖啡不太相似，但至今已经辨识出129个咖啡树种，它们绝大多数是由英国伦敦的皇家植物园完成的。其中很多是马达加斯加岛的原生树种，另有一些原生于南亚部分地区的，未得到商业市场的关注，但科学家已经开始对它们产生兴趣，原因是当前咖啡产业正面临的问题：目前我们的咖啡树种缺乏基因多样性。

咖啡树分布在世界各地，代表这个全球化的作物血统都很相近，因此基因变化并不大，这使得全球咖啡生产暴露在极大的风险中，只要有一种疾病攻击了一株咖啡树，就极有可能会攻击所有的咖啡树，就像葡萄酒业在19世纪60—70年代时发生的葡萄根瘤蚜病一样，这是一种会摧毁整片葡萄园的蚜虫病，当时整个欧洲的葡萄园几乎无一幸免。

三、咖啡的品种

（一）阿拉比卡

从豆种分，阿拉比卡品种应该是首选。所谓曼特宁或摩卡咖啡豆，其实是以产地来区分命名的，像曼特宁产于印度尼西亚的苏门答腊群岛，摩卡则是也门的产品。但是其中有些是阿拉比卡品种，有些是罗布斯塔品种。

最重要的还是多产于海拔上千米山坡坡地的阿拉比卡品种，海拔越高咖啡豆的品质越好。豆形较小、呈椭圆形。其果实一般晚熟，而且同一枝干上的果实其成熟度也有差异，所以都以人工采收。但因其味香独特及产量丰富，市场占有率超过七成。多数采收后以水洗方式处理，瑕疵少，卖相好，多用作单品咖啡调制。

（二）罗布斯塔

罗布斯塔品种是低海拔坡地产品，豆形椭圆。咖啡因含量是阿拉比卡品种的2倍多，醇香差、苦味重，多被用来做成即溶咖啡或混合成平价综合咖啡。因它的生存力强，容易栽培，所以采购成本大幅度降低。

通常3～4年大的咖啡树才能开花结果，每棵树约能长出2000个像樱桃般的果实，差不多4千克重，但要完全成熟约需经过半年后，采收后去除果品果肉，才能取得未经烘焙的生豆不到1千克。

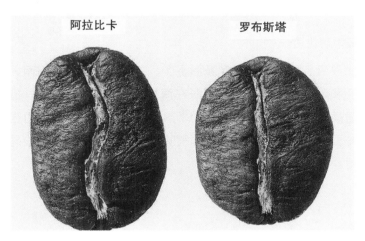

阿拉比卡与罗布斯塔对比

咖啡品种品质比较表

鉴别点	阿拉比卡	罗布斯塔
栽培高度	900～2000米坡地	200～600米坡地
适应气候	200～600米坡地热带气候中稳定的温度、 雨量	耐高温，适应多雨、 旱热的气候
味觉特色	宜人的香气、丰富的味道	香气较弱，并带有苦味
用　途	单品咖啡、高品质咖啡	综合咖啡、三合一即溶咖啡、罐装咖啡
咖啡豆外形	长椭圆形、扁平状	短椭圆形
树种特色	需要较多的人工照顾，价格高	环境适应能力强，生产成本低，价格低
分布地区	中南美洲、东非、东南亚、夏威夷等地区	非洲中西部、印度尼西亚、菲律宾

（三）利比里卡

利比里卡品种的质量和产量都不佳，主要分布在西非与南美洲、印度尼西亚和菲律宾等地，主要生长在海拔200米以下的坡地，植株抗病性强，耐高温、低温，适应多雨和旱热的气候，环境适应能力强。利比里卡咖啡豆呈略偏菱形的椭圆形，气味平淡，苦味较强，一般是供当地居民饮用，极少对外输出。

拓展知识

相关名词

风味〔Flavor〕：对香气、酸度、与醇度的整体印象。

酸度〔Acidity〕：所有生长在高原的咖啡所具有的酸辛强烈的特质。此处的酸辛与苦味、发酸不同，与酸碱值也无关，它是指促使咖啡发挥提振心神、涤清味觉等功能的一种清新、活泼的特质。

咖啡的酸度不是酸碱度中的酸性或酸臭味，也不是进入胃里让人不舒服的酸。在冲调咖啡时，酸度的表现是很重要的，在良好的条件及技巧下，可发展出酸度清爽的特殊口味，是高级咖啡必备的条件。咖啡的酸味是形容一种活泼、明亮的风味表现，这个词有点类似于葡萄酒品评中的形容方式。假若咖啡豆缺乏了酸度，就等于失去了生命力，尝起来空洞乏味、毫无层次深度。酸度有许多不同的特征，像来自也门与肯尼亚的咖啡豆，其酸度特征就有着袭人的果香味以及类似红酒般的质感。

醇度〔Body〕：饮用咖啡后，舌头留有的口感。醇度的变化可分为清淡如水到淡薄、中等、高等、脂状，甚至某些印尼的咖啡如糖浆般浓稠。

气味〔Aroma〕：咖啡调配完成后所散发出来的气息与香味。用来形容气味的词包括焦糖味、炭烤味、巧克力味、果香味、草味、麦芽味等。

苦味〔Bitter〕：苦是一种基本的味觉，感觉区分布在舌根部分。深度烘焙的苦味是刻意营造出来的，但常见的苦味发生原因，是咖啡粉用量过多，而水太少。

清淡〔Bland〕：生长在低地的咖啡，口感通常相当清淡、无味。咖啡粉分量不足而水太多的咖啡，也会造成同样的清淡效果。

咸味〔Briny〕：咖啡冲泡后，若是加热过度，将会产生一种含盐的味道。

泥土的芳香［Earthy］：通常用来形容辛香而具有泥土气息的印尼咖啡，并非指咖啡豆沾上泥土的味道。

独特性［Exotic］：形容咖啡具有独树一帜的芳香与特殊气息，如花卉、水果、香料般的甜美特质。东非与印尼所产的咖啡，通常具有这种特性。

芳醇［Mellow］：用来形容中酸度平衡性佳的咖啡。

温和［Mild］：用来形容某种咖啡具有调和、细致的风味，用来指除巴西以外的所有高原咖啡。

柔润［Soft］：形容像印尼咖啡这样的低酸度咖啡，亦形容为芳醇或香甜。

发酸［Sour］：一种感觉区主要位于舌头后侧的味觉，是浅度烘焙咖啡的特点。

辛香［Spicy］：指一种令人联想到某种特定香料的风味或气味。

浓烈［Strong］：就技术上而言，形容的是各种味觉优缺点的多寡，或指特定的调理成品中，咖啡和水的相对比例。

葡萄酒味［Winy］：水果般的酸度与滑润的醇度，所营造出来的对比特殊风味。肯尼亚咖啡是含有葡萄酒风味的最佳典范。

另：咖啡豆只有经过烘焙才能变成供研磨和饮用的咖啡豆，一般分为浅度、中度、深度和特深度烘焙。咖啡的加工方式也会影响到咖啡的风味、酸度和醇度，现主要的加工方式有三种：水洗法、半水洗法和自然干燥法，应根据不同地区、气候、咖啡豆的种类等因素而采用不同的加工方法，经过不同方法加工后的咖啡豆味道也会呈现不同的风味。

深入咖啡产地

一、非洲

即便一般认定咖啡的原生地是埃塞俄比亚，但是在非洲中部和东部也都有大量的咖啡树种植。来自肯尼亚、布隆迪、马拉维、卢旺达、坦桑尼亚和赞比亚的咖啡豆都已建立稳固的外销市场。各国在咖啡树种植的技巧和品种上也各具特色，提供买家多样化的选择。

（一）埃塞俄比亚Ethiopia

在所有的咖啡生产国中，埃塞俄比亚可能是最引人注意的一个。除了境内所产独特而出众的咖啡，与当地咖啡相关的神秘传说更增添其魅力。带着奔放花香与果香的埃塞俄比亚咖啡，让许多咖啡从业人员对咖啡口感多样化大开眼界。

埃塞俄比亚咖啡可依种植方式分为三类：

森林咖啡：这类野生咖啡树多半生长在埃塞俄比亚的西南部，周围通常被众多具有荫蔽功能的植物环绕，咖啡树本身也是多个品种混种而成。繁殖力与产量不如其他人工选育的高产量咖啡。

庭院咖啡：这类咖啡通常种植在人畜居所的周围，天然荫蔽物较少，对这类荫蔽树丛的管理也较为积极，例如频繁整枝，使咖啡树不至于被过度遮蔽。许多生产者会施肥。埃塞俄比亚咖啡多属于此种类型。

大型农场咖啡：这类咖啡来自种植密集的大型农场。采用标准化农耕方式，包括整枝、腐地覆盖，会进行施肥，并选用高抗病品种。

埃塞俄比亚咖啡产业近年来最大的变革，在于2008年成立的埃塞俄比亚农作物交易平台（简称ECX），引起了精品咖啡买家极大的关注。ECX涵盖多种农作物，旨在促使交易系统更有效率，并保护卖家与买家的权益。不过这个制度却带给那些想购买独特且具产销履历的咖啡而非商品化产品的买家很大的挫折。这些咖啡送到ECX的仓库后以数字1～10标示水洗咖啡产区的来源，所有经过日晒处理的咖啡都会标注数字11，之后会依质量的不同分1～9级，或以UG表示未分级。

此程序将进入拍卖会前的原产地信息牺牲了，但好处是农民确实比过去更早地售卖到国际市场，同时合约上的财务透明化也顺势提高。

如今有更多机会可以在ECX体制之外运作，消费者因此能在国际市场上买到更多高质量的且具产销履历的咖啡。

2013年，埃塞俄比亚产咖啡660万袋（每袋60千克）。埃塞俄比亚产区名称在咖啡产业算是具有知名度的，现今在销售时广泛使用，在可预见的未来相信也不会有所改变。此地原生及野生阿拉比卡咖啡所拥有的基因潜力，也使埃塞俄比亚咖啡未来发展值得期待。

来自单一庄园的埃塞俄比亚咖啡并不是没有，只是相对较少。产销履历多半可以追溯到特定共同合作社。不过，咖啡烘焙业内人士很可能自ECX买到咖啡，虽然少了产销履历，但通常表现同样出色，这类咖啡口感多半妙不可言。

埃塞俄比亚咖啡口感十分多样，由柑橘（佛手柑）、花香到糖渍水果甚至热带水果气息都有。最佳的水洗咖啡可能表现出优雅、复杂美味的气息，而最佳的日晒处理咖啡则会呈现出芬芳的果香与不寻常的迷人气息。

埃塞俄比亚咖啡产区主要有Sidamo、Limu、Juma、Ghimbi、Harrar、Yirgacheffe。

Yirgacheffe就是著名的耶加雪菲产区。此区的咖啡可以说无比独特。众多来自耶加雪菲的水洗咖啡都带着爆炸性的香气、丰富的柑橘与花香气息，口感清淡优雅。毫无疑问，这里是最棒且最有趣的咖啡产区之一。来自此最佳的咖啡价格不菲。对不少人来说，这些咖啡喝起来更像伯爵茶，绝对值得一试。此地也有日晒处理咖啡，口感独特而美味。

（二）肯尼亚Kenya

即便邻国埃塞俄比亚被视为咖啡的发源地，而肯尼亚的咖啡生产却相对较晚。最早关于咖啡进口的文献是1893年法国传教士自留尼旺岛带入咖啡树的记载。收获第一桶咖啡豆是在1896年。

最初咖啡是在英国殖民统治下种植于大型庄园中，收获的咖啡则运到伦敦销售。1933年咖啡法令通过，肯尼亚咖啡委员会成立，进而将咖啡销售事务转回肯尼亚。1934年拍卖系统建立，至今仍在使用中。第二年，用以帮助改善咖啡质量的分级制度的草案正式拟定。

肯尼亚的咖啡分级同其他国家一样也是以咖啡豆大小与质量作为指标。E即是尺寸超大的象豆，产量相对较少。然后就是常见品级由高到低的M、AB、PB。C级在高质量咖啡中少见。更低等级为一些小型豆，为TT级。由咖啡轻质豆和残破豆组成的是T级。

MH/ML表示经日晒处理的咖啡豆。这类豆子被认为质量较低，通常带有不熟或过熟的咖啡豆，售价相对较低。

肯尼亚的咖啡有两个品种特别吸引精品咖啡业者的注意：SL-28与SL-34。这是由斯科特实验室研究得出的40个实验品种之二。它们占肯尼亚高质量咖啡产量的绝大多数，不过这些品种容易得叶锈病。

肯尼亚在发展对叶锈病具有抵抗力的品种上不遗余力。Ruirull是第一个被肯尼亚咖啡委员会认可成功的品种，即便精品咖啡买家对此品种态度冷淡。近年来委员会推出另一个名为Batian的品种。有鉴于Ruirull在杯测上令人失望的表现，众人对Batlan的质量也有所怀疑。不过Batian的品质似乎有所改进，众人对其未来的杯测表现也持乐观的态度。

肯尼亚咖啡由大型庄园或小农户种植，小农户的咖啡会在采收后送往当地的湿处理厂处理。这表示要得到可追溯性高的单一庄园是很容易的，但是近年来越来越多高质量的咖啡是来自小农户。通常这些来自特定湿处理厂的咖啡豆会标示颗粒大小等级，不过同一批咖啡豆却可能来自上百个小农户。这类湿处理厂（或称为工厂）在咖啡豆成品豆质量上扮演重要的角色，因此这些咖啡也很值得细细寻味。

2013年，肯尼亚产咖啡85万袋（每袋60千克）。肯尼亚中部出产境内为数最多的咖啡，质量最佳的也同样来自此处。肯尼亚西部的Kisli、Trans-Nzoia、Keiyo、Marakwet等产区的咖啡也开始受到注意。

肯尼亚咖啡以鲜明而复杂的莓果味和水果味著称，同时带着甜美气息和密实的酸度。

（三）马拉维Malawi

咖啡大约是在19世纪晚期引进马拉维。其中一个说法是一名为约翰·布坎南的苏格兰传教士，在1878年自爱丁堡植物园带来一株咖啡树。一开始是在马拉维南部Blantyre区扎根，到了1900年，咖啡产量到达1000吨。

尽管马拉维咖啡生产最初表现出类拔萃，但不久后却一败涂地，原因在于土壤、病虫害上的管理和防治不善，加上巴西咖啡崛起，使马拉维失去了竞争力。

20世纪初，大型咖啡庄园少有由非洲人拥有的情况，因为当时马拉维是英国殖民地。不过共同合作社的趋势自1946年兴起，到20世纪50年代咖啡产量有了长足的发展。即便前景看好，但共同合作社却在1971年因政治因素而解体。马拉维咖啡生产的巅峰时期是在20世纪90年代，当时每年产量为7000吨。

即便是个内陆国，马拉维却拥有强大的农业出口经济。就咖啡而言，原因之一可能是政府对外销的干预少，使卖家与买家得以建立直接联系。不过长期以来质量一直不是马拉维的优先考量。咖啡等级仅分为Grade1与Grade2，但近年来开始有朝向非洲普遍使用的类似AA分级制度发展的趋势。

　　马拉维的咖啡品种呈两极分化。境内种在中美洲广受瞩目的瑰夏品种。此外，对疾病有抵抗力的卡帝莫也遍布各处，不过通常品质较差。

　　马拉维南部的咖啡通常是以大规模的商业庄园的形式种植。中部与北部则为小型咖啡农户。因此咖啡可能得以回溯到小农户或特定生产者团体。一般而言，两者都可能生产优异的咖啡。

　　产于马拉维的咖啡少以产地区分，咖啡产区可视为划定成种植咖啡的区域，而非以当地产区风土或为微气候作为界定。

（四）卢旺达Rwanda

　　咖啡由德国传教士于1904年带入卢旺达，不过要到1917年卢旺达的咖啡产量才达到足以外销。第一次世界大战后，国际联盟托管委员会撤销德国对卢旺达的殖民权，并将托管权转交给比利时。因此一直以来卢旺达的咖啡豆都外销到比利时。

　　第一棵咖啡树是种植在Cyangugu省的Mibiril修道院，此地也成为卢旺达第一个咖啡品种的名称。之后咖啡种植逐渐扩展到Kivu区，最后延伸到卢旺达全国。到了20世纪30年代，咖啡开始成为生产者必备的农作物。

　　比利时政府严格管理控制外销并对咖啡农抽取高税金，迫使卢旺达走向高产量、低质量的低价咖啡生产。正因为卢旺达的外销出口量极小，咖啡对农民的影响力与重要性相对过大。卢旺达的基础设施相当有限，因此要生产出优质咖啡并不容易，境内甚至一度没有咖啡湿处理厂。

　　到了20世纪90年代，咖啡已经成为卢旺达最值钱的外销农产品，却也发生了几乎摧毁咖啡产业的大事。1994年的种族灭绝事件使近100万人失去生命，加上全球咖啡价格骤降，对咖啡造成巨大的冲击。

　　经过种族灭绝事件之后，咖啡的生产为卢旺达整体复苏带来积极的影响。全球聚焦于卢旺达，再加上国外的援助，咖啡产业开始得到极大的重视。境内有了新的湿处理厂，人们开始专注于高品质咖啡的生产。政府对咖啡生产的态度更为开放，全球精品咖啡买家也对此地的咖啡产生了浓厚兴趣。卢旺达是非洲唯一举办过卓越杯竞赛的国家，借助卓越杯在线竞标系统，买家得以找到最优质的咖啡批次，进而推广到市面上。

卢旺达农业促进联合伙伴计划，简称PEARL成功地分享知识并培训出年轻的农艺家，此计划最后变更为促进农乡企业发展可持续伙伴计划，两个计划的中心都放在了Butare产区。卢旺达被称为"千丘之国"，境内有适宜种出优异咖啡的纬度和气候条件。但因多处土壤贫瘠加上运输困难，大大增加了生产成本。

当咖啡价格在2010年升高时，卢旺达面临极大挑战——咖啡产业没有足够的动力提升质量。这是因为当市场愿意以高价购买咖啡时，即便是低质量的咖啡也有办法获利，如此一来咖啡农便找不到花钱提升质量的理由。然而近年来卢旺达的咖啡都优异无比。即便卢旺达种有并外销一小部分的罗布斯塔，但是大多数都是经水洗处理法处理的阿拉比卡。

卢旺达咖啡有一种马铃薯味缺陷，这类特别不常见的咖啡劣质气息仅出现于布隆迪和卢旺达的咖啡，因一种不知名细菌侵入了咖啡果皮而产生的毒素。这对人体并没有伤害，但是当这类有缺陷咖啡豆经烘焙并研磨成粉后便会产生一种容易辨认且强烈的怪异气味，让人直接联想起削马铃薯皮时的味道。这仅仅会影响特定的几颗咖啡豆，因此，若找到几颗这类的咖啡豆，并不表示整袋咖啡都会受到影响，除非全部皆已磨成粉。要完全根除这种气味并不容易。一旦采收后处理过程结束，这样的气味就无法辨识，在咖啡烘焙前也没有办法发现这个问题。即便烘焙后仍必须等到缺陷豆磨成粉后才能发现。在采收后处理咖啡果的过程中，可从果皮是否破裂来挑除可能受到感染的果实。研究人员正多方着手寻找消除此缺陷的方式。

卢旺达咖啡多半可以追溯到湿处理厂以及不同的咖啡农团体及共同

合作社。每个咖啡生产者平均仅有183棵咖啡树，因此要追溯到单一生产者是不可能的。

产自卢旺达的优异咖啡多半带着新鲜果香，让人联想起红苹果与红葡萄。莓果味与花香也十分常见。

（五）坦桑尼亚Tanzania

咖啡是16世纪自埃塞俄比亚传入坦桑尼亚的。咖啡最早是德国殖民时成为坦桑尼亚的经济作物。到了1911年，殖民政府明令在Bukoba产区开始种植阿拉比卡咖啡树，但种植方式与将咖啡带入坦桑尼亚的哈亚人（居住在坦桑尼亚西北角卡盖拉河与维多利亚湖之间地区）的传统做法大不相同，哈亚人因此不愿意以咖啡树取代粮食作物。即便如此，此区的咖啡年产量仍然有所提升。境内其他地区对咖啡种植较不熟悉，因此反对声浪较小。住在乞力马扎罗山Kilimanjaro周围的Chagga部落在德国人全面禁止奴隶买卖后，便将农作物全部改为咖啡。

第一次世界大战之后，此区的管理权转移到英国人手中。他们在Bukoba种下超过1000万株咖啡苗，但同样也与哈亚人产生冲突，结果通常是树苗被连根拔起。因此相较于Chagga区，此地的咖啡产业并没有显著的发展。

第一个共同合作社——KNPA在1925年成立，旗下的生产者因此拥有较多自由得以直接销售咖啡到伦敦，进而获得更好的售价。

坦桑尼亚在1961年独立后，政府将重心放在咖啡产业，试图在1970年之前达到将咖啡产量增长2倍的目标。不过这个计划并没有实现。20世纪90年代早、中期，咖啡产业进行了一系列的改革。咖啡生产者被允许较为直接地销售咖啡给买家，而非全都通过国家咖啡营销委员会。咖啡产业在20世纪90年代末期遭受严重打击，当时咖啡枯枝病在境内四处蔓延，使靠近乌干达边界北部的咖啡树数量大减。坦桑尼亚90%的咖啡产自45万小农户，其他10%则来自较大的农庄。要将咖啡追溯到农民的共同合作社及湿处理厂是可能的。倘若是庄园咖啡，则能找到源头的单一咖啡园。

坦桑尼亚咖啡口感复杂，酸度清新鲜活，多半带着莓果与水果气息，且通常鲜美多汁、有趣可口。

（六）赞比亚Zambia

咖啡是在20世纪50年代由传教士自坦桑尼亚与肯尼亚将咖啡种子带进赞比亚的。不过咖啡产量却等到20世纪70年代早期来自世界银行的资金投入，才开始增长。病虫害的增加使咖啡农开始种植杂交品种，不过这些杂交品种味道不是很优异。之后政府又开始推广原生种。

赞比亚的咖啡外销在2005年和2006年达到巅峰，总量约为6500吨，但自此之后便大大降低。有人将原因归于价格骤降，但产业缺乏长期融资更是主因。此外，境内最大的生产商在2008年因拖欠贷款而结束营业也是影响因素之一。到了2012年，咖啡总量仅300吨，不过正在恢复常态中。截止2023年12月，赞比亚的咖啡总产量均为15000袋，即900吨。这一产量在全球咖啡市场中占比较小，但赞比亚咖啡以其高品质和独特风味受到国际认可。

赞比亚的咖啡多来自大型庄园，不过小农也得到扶持。这类庄园多半经营良好，也拥有现代化设备，也可能隶属于跨国公司。小农户在取得肥料与设备上困难重重，一般来说咖啡品质也不高。因缺乏水源和良好的采收后处理设备，更增加了生产出纯净而甜美咖啡的难度。

赞比亚最好的咖啡多半来自单一庄园，不过得花点精力才找得着。境内咖啡产量不但小，高质量的咖啡也难寻。令人遗憾的是，因咖啡品种与地理环境，赞比亚咖啡其实潜力无穷。产量稀少的优异咖啡带着鲜明的花香以及纯净果香，口感复杂。

二、亚洲

亚洲咖啡的种植文化可以说是由神话与历史塑造而成。传说中来自也门的朝圣者将罗布斯塔咖啡偷运进印度。到了16世纪，荷兰东印度公司开始将印度咖啡豆大量外销。亚洲现今在商业咖啡产业举足轻重。也门或许是个例外，因外销量极小，但风格独特的也门咖啡在全球需求量仍大。

（一）印度India

咖啡到底是如何出现在印度南部的说法颇具神话性。传说中提到一名叫Baba Budan的朝圣者在1670年自麦加朝圣后回程途经也门，在严格管控下仍偷偷带走7粒咖啡种子。数字7在伊斯兰教里属于神圣数字，因此他这样的行为被认为是符合教义的。

Baba Budan将这些种子种在Karnataka省的Chikmagalur县，咖啡树在此生长繁荣。此区的山丘现在也以他命名，称为Baba Budan，至今仍然为重要的咖啡产区。

一直到19世纪英国殖民统治下，印度南部的咖啡种植才开始蓬勃发展。不过这种情况仅是昙花一现，之后咖啡产业又开始衰落。19世纪70年代，因市场对茶叶的需求，加上咖啡叶锈病大增的双重影响，许多种植园开始改种茶叶。讽刺的是，这些种植园其实都在咖啡外销上表现出色。叶锈病的存在并没有使咖啡产业从印度消失，反倒鼓励了产业研发出对叶锈病具有抵抗力的品种。

1942年，印度咖啡委员会成立，得以依法监控咖啡产业。有些人认为，将来自不同生产者的众多咖啡聚集买卖，生产者便少了提升质量的动力。不过，印度咖啡的产量绝对有所增长，到了20世纪90年代，印度咖啡产量增长了30%。

20世纪90年代，对咖啡生产者的销售方式与渠道上的规范变得宽松，印度国内的咖啡市场开始蓬勃发展。虽然印度国内咖啡每人平均消费量相当低（因为茶是便宜的替代品），但是总消费量却达到200万袋。印度咖啡年产量为500万袋，多数为罗布斯塔。

在印度，罗布斯塔的适应力优于阿拉比卡。低海拔加上特殊的气候形态，使罗布斯塔的产量极高。相较于许多国家，印度对罗布斯塔所投注的心力相对较高，因此得以占据顶级市场低阶位置。即便是最优质的罗布斯塔依旧无法避免拥有此品中特有的木质气息，但也因其风味较其他产地干净，使印度罗布斯塔在咖啡烘焙业者间受到欢迎，多被用来加入意式浓缩咖啡的调配中。

印度咖啡中较具知名度的要属季风马拉巴，这是经过相当不寻常的"季风处理"的咖啡。季风处理现在已经成为一种受到精准控制的处理法，不过起源则纯属意外。在英国殖民统治期间，咖啡是以木箱盛装的，外销至欧洲。这些咖啡在运送过程中会经历季风时期潮湿的天气。这些咖啡生豆吸收了不少的湿气，也对最后咖啡豆成品的风格影响甚巨。

外销运送过程日后虽有改进，但是这类拥有不寻常口感的咖啡仍然十分抢手，因此日后这样的季风处理便是在印度西海岸的工厂里进行。季风处理仅用在经日晒处理的咖啡，风渍过后的咖啡色泽偏淡，也十分易碎。这类季风豆不容易烘焙均匀，更易碎，因此一袋熟豆常因包装过程而产生许多受损的咖啡豆。不过，不同于低阶咖啡中必须避免的破损豆，这类破损的季风豆并不会影响风味。

在风渍过程中，咖啡通常会损失酸度，但额外增加浓郁且具有野性的香气，在咖啡业界有着两极化的评价。有些人喜欢这类丰富浓郁的口感，另外有些人则认定这是来自有瑕疵的处理过程所呈现的令人不悦的气息。

印度咖啡有两种不同的分级方式。一种是印度特有的将所有水洗咖啡归于"种植园"级，以日晒处理的咖啡则为"樱桃"级，所有水洗处理的罗布斯塔则为"带壳咖啡级"。印度也用咖啡豆大小作为分级。自AAA（最大）到AA、A与PB（小圆豆）。正如许多以咖啡尺寸做分级的国家，通常最大的豆子质量也最优，不过这不一定总是正确。

印度25万名咖啡生产者中98%为小农，因此要是追溯至单一庄园是一件困难的事情，却值得进行。印度咖啡产销履历通常只能追溯到处理厂或产区。

最佳的印度咖啡多半带着浓郁绵密的口感，酸度低，鲜少拥有独特的复杂度。

（二）印度尼西亚 Indonesia

印度尼西亚群岛在咖啡种植上的首次尝试便遭到挫折。1696年，雅加达总督收到印度马拉巴荷兰总督所赠予的咖啡树苗当礼物，不过这些新树苗却在雅加达一场洪水中丧失殆尽。第二批咖啡树苗则是在1699年送到，这次，这些咖啡树才蓬勃生长。

印度尼西亚咖啡的外销始于1711年，当时是由荷兰东印度公司管理。运送到阿姆斯特丹的咖啡可以卖到相当高的价格，1千克的售价将近每人年均收入的1%。即使咖啡价格在18世纪下跌，毫无疑问，对东印度公司来说，咖啡可谓是摇钱树。不过，当时的爪哇岛是在殖民统治下，因此对咖啡农可一点儿好处也没有。1860年，一位荷兰殖民官员写了一部小说《马克斯·哈夫拉尔：或荷兰贸易公司的咖啡拍卖》，描述了殖民体制如何被滥用。这本书为荷兰社会带来深远的影响，使大众对咖啡贸易与殖民体制开始有所了解。现今马克斯·哈夫拉尔已经成为咖啡产业的一种道德认证。

印度尼西亚一开始生产阿拉比卡，不过咖啡叶锈病在1876年流行，只能将许多咖啡树铲除。有人尝试改种其他品种，但同样难对叶锈病免疫。因此众人开始改种对疾病抵抗能力强的罗布斯塔。现今，罗布斯塔仍然占印度尼西亚咖啡的绝大多数。

印度尼西亚咖啡豆的制作特点，也是使印度尼西亚咖啡口感可以如此变化多端的原因之一，这在于采收后所使用的湿剥除法。这是融合水洗浴日晒处理法的元素而形成的咖啡处理过程。这种半水洗过程对咖啡质量有着至关重要的影响。因为一旦经过此程序，咖啡的酸度会大大降低，但似乎同时增添醇厚度，创造出一种口感柔顺、圆润、醇厚的咖啡。

　　这样的方式也为咖啡带出多样化的口感，有时充满植物或药草香气，或带着木味、霉味或土壤的气息。但这并不表示所有使用这种方式处理的咖啡都有相同的质量和口感。这类咖啡的质量差异甚大。半水洗咖啡口感的分歧在咖啡业内是出名的。倘若来自非洲或中美洲的咖啡出现这样的风味，无论处理过程多严谨，都会被视为瑕疵品，立即遭到潜在买家拒绝。然而许多人却认为这样浓郁而醇厚的印度尼西亚半水洗处理的咖啡相当美味，因此业界购买欲望仍然强烈。

　　近年来，精品咖啡买家开始鼓励印度尼西亚的咖啡生产者试着以水洗法处理咖啡豆，以便使品种本身以及产地风味得以显露。未来是否会有更多生产者开始制造风味纯净的咖啡，抑或半水洗咖啡的需求能否持续下去？值得拭目以待。

　　虽然要追溯到咖啡单一庄园是有可能的，但这样的情况十分少见。不过这类具有产销履历且经全水洗处理的咖啡（而非半水洗）绝对值得尝试。

　　多数咖啡是由小农户生产的，他们多半仅拥有1～2公顷的土地，因此多数咖啡都仅能追溯到湿处理厂或产区。即便来自同产区，质量也会有极大的差异，因此，购买这类咖啡犹如赌博。

　　印度尼西亚咖啡起源于爪哇岛，之后慢慢散布至其他岛上。1750年先传到苏拉威西岛，一直到1888年才抵达北苏门答腊岛。最初是种植在多巴湖周围，到了1924年开始出现在伽佑的塔瓦湖区。

　　在印度尼西亚，猫屎咖啡（Kopi Luwak）指的是收集吃了咖啡果的麝香猫粪便而制成的咖啡。这类仅半消化的咖啡果实在与粪便分离之后，会经处理而后干燥。过去10年，这类咖啡被视为新奇有趣，加上某些人毫无根据地宣称此类咖啡口感如何绝妙，因此猫屎咖啡得以卖出高价，继而造成两大问题。首先，这类咖啡的伪造司空见惯。市面上售卖的数量远高于实际生产量，而且多数是由等级低的罗布斯塔冒充。其次，这样的风潮也鼓励了岛上的商人非法捕捉并囚禁麝香猫，强迫喂食咖啡豆，而且动物的生存环境相当恶劣。

（三）巴布亚新几内亚 Papua New Guinea

很多人会将巴布亚新几内亚的咖啡与印度尼西亚的相提并论，不过这并不公平。巴布亚新几内亚位于新几内亚岛东部，与相邻的印度尼西亚在咖啡生产上差异甚大。

岛上的咖啡生产历史并不长。虽然咖啡种植早在19世纪90年代便开始了，但最初并未被视为商业产品。到了1926年，18座咖啡庄园成立，当时使用的是来自牙买加的蓝山咖啡种子。到了1928年，咖啡产业才开始蓬勃发展。

20世纪50年代，产业开始有了结构性发展，随着基础设施的兴建，岛上的咖啡相关活动蓬勃发展。另一波更长足的发展则出现在20世纪70年代，原因可能在于巴西咖啡产量下滑。那时政府有一系列的补助方案鼓励小型农场改由共同合作社经营。业界当时多半着重于庄园的管理，但自20世纪80年代起，当地产业结构开始改变，重心也出现分散的情况。或许因为咖啡的价格下跌，使许多庄园因此陷入财务危机。相较之下，小农户受市场波动的影响小，因此得以继续生产咖啡。

如今，岛上95%的生产者皆为自给自足的小农户，生产全国90%的咖啡，品种几乎全数为阿拉比卡。这也表示境内相当大比例的人口都与生产咖啡有关。尤其是居住在高地区域的人们。这点对生产大量高质量咖啡来说是个极大的挑战，因为许多生产者缺乏恰当的采收处理的渠道。缺乏产销履历，也使高质量咖啡无法得到应有的奖励。

不少大型庄园仍然经营有声有色，因此要找到来自某一庄园的咖啡是可能的。产销履历的概念在岛上的历史并不长，过去有些咖啡农业会从其他生产者那里买入咖啡，包装成自有品牌来销售。将咖啡以区域分别贩卖是相当新的做法。不过岛上的海拔与土壤确实使此地咖啡拥有绝佳的潜力，因此过去几年也开始吸引了精品咖啡业者的注意。购买时可着重于能够追溯到单一庄园或生产者集团的咖啡豆。

外销的咖啡豆以质量做分级，等级由高至低分别为AA、A、X、PSC与Y。前三者授予庄园咖啡名称，后两者则为小农咖啡，其中PSC是优质小农咖啡的缩写。

巴布亚新几内亚多数咖啡都产自高地区内，生产优质咖啡的潜力值得期待。虽然有些咖啡种植在这些产地之外，但产量极小。

来自巴布亚新几内亚的优质咖啡通常都带着奶油般的绵密口感，拥有绝佳的甜美度与复杂度。

（四）越南 Viet Nam

越南主要生产罗布斯塔咖啡品种，但越南在咖啡产业中的地位非同一般，因为此地咖啡对每一个咖啡生产国都有显著影响。

咖啡是在1867年由法国人带入越南的。最初是以种植园模式培育，直到1910年才开始达到商业规模。中部高地区的咖啡种植在越战时期中断。战争结束后，咖啡产业开始变得集团化，产值与产量都大幅降低。这期间，约2万公顷的土地出产5000～7000吨咖啡。之后25年，用来种植咖啡的土地增加了25倍，而全国总产量则增长10倍。

这样的增长率都得益于1986年允许私人企业生产商业作物的改革开放政策。到了20世纪90年代，越南出现大量新公司，其中许多专注于大规模的咖啡生产。在那段时期，尤其是1994—1998年间，咖啡价格居高不下，因此业界热衷于提高产量。1996—2000年，越南咖啡产量呈2倍增长，也对全球咖啡售价带来重大影响。越南成为全球第二大咖啡生产国，致使全球咖啡供过于求，造成价格崩盘。

即便越南生产的罗布斯塔多于阿拉比卡，这仍影响了阿拉比卡的售价。因为许多大规模买家所重视的是数量而非质量，因此供过于求低价咖啡正好符合所需。

2000年，咖啡最高产量达到90万吨，之后产量大幅降低。然而，当咖啡价格恢复常态时，越南的咖啡产量也重回过往的景况。近年来产量更突飞猛进，2012年和2013年达到约130万吨，因此对全球产业持续产生了巨大的影响。现今市场对越南阿拉比卡咖啡的需求与日俱增，不过缺乏较高海拔的地理环境使生产出高质量产品仍然是一项挑战。

越南境内有不少大型庄园，多半由跨国企业控制。因此要知道咖啡的产销履历是可能的，不过要找到高质量咖啡并不容易。越南咖啡多数口感都相当平淡，带着木质气息，缺乏甜美度或特色。

（五）也门 Yemen

也门在商业化咖啡生产上的历史比任何国家都长。当地咖啡极为独特，口感相当不寻常，因此或许并不容易被一般人接受。即便也门咖啡的市场需求极大，但当地咖啡贸易从未随商业咖啡市场而变化。也门咖啡绝对独一无二，从品种、梯田式咖啡种植、处理方式到产业都显示出与众不同的特色。

咖啡自埃塞俄比亚传到也门，或许是由商队传入，或是由从埃塞俄比亚前往麦加的朝圣者带来，在15—16世纪时期已有相当规模。因为从此地外销的咖啡，也使摩卡港声名大噪。

也门的农业结构十分独特，境内仅有3%的土地适合农作。农业发展受限于水源。咖啡在梯田上生长，海拔高，并需要额外的人工灌溉以便使咖啡茁壮生长。许多农民仰赖地下水等不可再生资源，有人因此担心资源耗损。肥料施撒并不常见，因此土壤养分的流失也是个问题。这一切因素，加上咖啡产区位置偏远，都解释了为何境内会出现众多源自阿拉比卡的不同品种。多数更是各产区所独有的。

也门咖啡是由人工采收，工人在一季之内会多次造访同一棵咖啡树。即便如此，选择性采摘并不普遍，因此未成熟或过成熟果实都会被同时采收。采收后的完整果实通常都会经过日晒干燥处理，而且多半是在农民家中的屋顶上进行。这些屋顶少有足够的空间，果实常出现堆排状态，因此无法确实干燥，而出现干燥不均、发酵或发霉等缺陷情况。

每名生产者经常都仅种植少量咖啡。也门咖啡全球需求量极高，外销总量的一半都运往沙特阿拉伯。需求量大、产量有限，加上生产成本极高，因此也门咖啡的售价居高不下。不过这样的需求量却没有使也门咖啡的产销履历变得透明化，境内咖啡销售得通过一连串程序从农民到出口商的中间商网络。咖啡同时也极为可能在出口商那里放相当长时间，因为不少外销者会将生产日期最早的存货先消化掉，而将最近期的收成存放在地下洞穴中。

要追溯也门咖啡的产地来源并不容易。多数情况下，咖啡名称上会出现摩卡一词，这是当地外销港口名。通常咖啡仅能追溯到特定的区域而非产地。另外，以当地咖啡品种名称来描述咖啡也是相当普遍的情况，如Martari。

拥有详尽的产销履历并非质量的保证。通常来自不同产区的咖啡豆会在外销出口前被混合，之后使用市场上最具价值的咖啡名称出口。也门咖啡之所以抢手，原因在于毫不寻常的口感和一种狂野而浓郁的气息，形成如此风格的原因之一在于处理过程中所产生的缺陷。假如你想要尝试来自也门的咖啡，建议你向信赖的供货商购买。烘焙业者必须杯测相当多糟糕的咖啡样品才能找到一款优异的咖啡豆，对盲目购买的消费者来说是相当不利的，因为你很可能买到一款口感不纯净，甚至带着腐烂及令人不愉悦气息的咖啡。

也门咖啡狂野、复杂而浓郁，带给人们一种与世界上众多咖啡不同的独特品饮体验。对于某些人来说，这类带着野性，略微发酵的果味令他们倒尽胃口，但对其他人来说则是被高度赞赏的咖啡。

最初，"摩卡"（Mocha）一词是也门咖啡出口港的名称。这个词的拼法很快就改为"Moka"，以描述也门咖啡强劲浓郁的风格。现今一些来自其他国家的经过日晒处理的咖啡也适用同样的名称，例如埃塞俄比亚的Moka Harrar。

也门咖啡经常与爪哇咖啡一起混调，因此有了"摩卡–爪哇"一词的出现。不过，因为这个名称并未受到保护，如今已经成为许多烘焙业者用来描述他们所创的咖啡特调风格而非产地。加上现今"摩卡"一词也被用来描述混合了热巧克力与意式浓缩咖啡的饮品，这让消费者更加困惑。

（六）中国 China

中国的咖啡历史虽然不如欧洲那样悠久，但也有着自己独特的轨迹。早在明代，咖啡树被引入云南，这是中国咖啡种植的开端。然而，直到20世纪初，咖啡才开始在中国逐渐流行。最初，咖啡作为西方文化的象征，被引入到中国的通商口岸城市，如上海、广州等地。随着西方文化的渗透，咖啡馆成为社交和文化交流的重要场所。在20世纪30年代，上海的咖啡馆文化达到了鼎盛时期，许多文人墨客在这里聚会，讨论文学和艺术，咖啡文化开始在中国扎根。

咖啡文化在中国的传播，也受到了中国传统文化的影响。在中国，茶文化有着深厚的历史底蕴，而咖啡作为一种新兴的饮品，与茶文化形成了有趣的对比和融合。在一些地方，人们开始尝试将咖啡与茶结合，创造出具有中国特色的咖啡饮品。这种创新不仅丰富了中国的饮品文化，也体现了中国人对新事物的包容和创新精神。

在种植方面，中国的咖啡主要分布在云南、海南、广东、广西、四川、福建以及台湾等省份。云南的普洱、西双版纳等地，因其得天独厚的自然条件，成了中国最重要的咖啡产区。这里的气候温暖湿润，土壤肥沃，非常适合咖啡树的生长。云南咖啡以其独特的风味和高品质，赢得了国内外咖啡爱好者的青睐。

中国种植的咖啡品种主要是阿拉比卡种和罗布斯塔种。阿拉比卡种咖啡以其柔和的口感、丰富的香气和较低的咖啡因含量而受到咖啡爱好者的喜爱。而罗布斯塔种咖啡则以其较强的抗病性和较高的咖啡因含量，成为制作速溶咖啡和混合咖啡的首选。不同品种的咖啡在口感、香气和用途上各有特色，满足了不同消费者的需求。

咖啡文化在中国的传播，也促进了咖啡消费市场的快速发展。随着经济的繁荣和人们生活水平的提高，越来越多的人开始追求高品质的生活方式。咖啡馆成为人们休闲、社交的重要场所。在咖啡馆里，人们不仅可以品尝到美味的咖啡，还可以享受到舒适的环境和优质的服务。咖啡文化不仅仅是一种饮品文化，更是一种生活态度和精神追求。

中国作为新的世界咖啡产区之一，其咖啡风味特征显著且多样。云南、海南和台湾是中国的主要咖啡产区，其中云南的咖啡风味醇厚不苦，香而不烈，带有瓜果香，是中国咖啡的代表性风味。海南的兴隆咖啡则味道微苦而香，饮后回味无穷，余香持久。此外，中国咖啡的风味还受到烘焙方式的影响，通常偏深的烘焙会带来更醇厚和偏苦的味道。

在咖啡产业格局方面，近年来中国咖啡行业呈现出迅猛的发展势头。中国咖啡产业规模在近年来实现了跨越式增长，2023年已达到2654亿元，同比增长超过30%。全国咖啡消费者总数已接近4亿人，年消费量达28万吨。咖啡门店数量也在迅速增加，2023年全国咖啡门店总数约为15.7万家。中国咖啡进口的来源地已经增长到75个，品类也从最初的以咖啡制成品为主，转变为以咖啡生豆占比最大，特别是从巴西、埃塞俄比亚和哥伦比亚等国的进口额持续增长。

在世界咖啡产业中，中国的地位日益提升。中国咖啡品牌在全球的门店总量首次超越美国，成为全球最大的品牌咖啡店市场。中国咖啡产业的快速发展，不仅体现在市场规模的扩大上，还体现在咖啡产业链的逐步完善和竞争格局的多元化中。同时，中国也在积极寻求咖啡产业的国际化发展，一些咖啡品牌已经开始在海外开设门店，如瑞幸和库迪咖啡等。

三、美洲

美洲是全球咖啡豆最大的供应区，不过自此外销出口的豆子在质量与种类上有极大差异。即便巴西的咖啡豆产量占全球三分之一，但是现在市场对来自小农户所生产的稀有品种有着浓厚的兴趣，例如巴拿马的瑰夏品种。生态观光、农耕可持续发展以及共同合作社等发展，也改变了美洲整体的咖啡采收与种植状况。

（一）巴西 Brazil

巴西稳坐全球咖啡生产国龙头宝座已经超过150年。现今，巴西种植约全球三分之一的咖啡树，过去在全球咖啡市场的占有率更一度高达80％。咖啡是在1727年自法属圭亚那传入的，当时巴西还在葡萄牙统治之下。

巴西第一批咖啡是由巴西官员Palheta在巴西北部Para区种植的，根据传说，Palheta因外交任务前往法属圭亚那，魅惑了当地省长的妻子，在离开时，省长妻子所送的花束内藏有咖啡种子。归国后他种下的那些咖啡树可能仅限于在自家饮用，算不上是重要农作物。直到咖啡种植开始往南延伸，从自家咖啡庭院散布到咖啡农场之后，情况才有所改变。

咖啡的商业规模种植最初始于里约热内卢附近的Parala河。这里很适合种植咖啡，一方面是理想的地理环境，另一方面因邻近里约热内卢，利于外销。不同于其他中美洲的小型咖啡农场，巴西最初的商业咖啡农场规模极大，是以奴隶为劳动力的种植庄园。这样的工业化生产形态在其他国家十分少见，可以说专属于巴西咖啡生产。这种方式极具侵略性，势力最强大、最具说服力，并可能引起界限不明确的产权争议。每名奴隶必须照料4000～7000棵咖啡树。一旦该土地土壤过度耗损，整座农场便搬迁到新的区域重新种植。

咖啡生产在1820—1830年间开始蓬勃发展，产量超越巴西国内市场所需，得以供给国外市场。那些控制咖啡生产的商人变得富可敌国且势力庞大，因此被称为"咖啡大王"。他们的任何需求都会对政府的政策及其对咖啡产业的支持度造成重大影响。

到1830年，巴西生产了全球30％的咖啡，1840年增加到40％。这样大幅度的提升也造成全球咖啡价格的下滑。直到19世纪中叶，巴西咖啡产业都仰赖奴隶。超过150万名奴隶被带入巴西在咖啡种植园内工作。英国政府在1850年禁止巴西引进非洲奴隶，巴西开始转向外来移民或自己内部的奴隶交易。1888年当巴西全面废除奴隶制度时，人们担心咖啡产业会因此垮台，不过该年与之后的咖啡采收仍然顺利进行。

19世纪80年代到20世纪30年代，咖啡产业再度兴起，这段时期的名称也以当时两大重要农产品来命名。由于来自圣保罗（Sao Paulo）的咖啡大王以及Minas Gerais州的乳品生产商所带来的重大影响，此一时期被称为"咖啡与牛奶"时期。在这期间，巴西政府开始实行物价稳定措施，以便保护并稳定咖啡价格。当市场需求降低时，政府会从生产商那里以较高价格买入咖啡，并储存咖啡直到市场价格提高。对咖啡大王们来说，这表示咖啡价格会持续稳定，也避免供过于求造成咖啡价格下滑。

到20世纪20年代，巴西已生产全球80％的咖啡豆，咖啡产业也帮助这个国家兴建了许多基础设施。如此只增不减的产量最后造成咖啡生产过量，也加剧了20世纪30年代全球经济大萧条时期对巴西所造成的伤害。巴西政府之后不得已将7800万袋的咖啡烧毁，希望借此使咖啡价格恢复常态，可惜效果不明显。

到了第二次世界大战时期，美国开始担心随着欧洲市场的关闭，下滑的咖啡价格可能促使中美洲国家开始倾向纳粹或共产党。为使咖啡价格稳定，各国同意采取咖啡配额制度，进而签订协议。这样的协议使咖啡价格开始上涨，直到20世纪50年代售价稳定。这也进一步促使了1962年由42个生产国所签署的国际咖啡协议。配额是根据国际咖啡组织（简称ICO）定立的咖啡指导价格决定的。假如价格下跌，配额便降低。倘若价格上涨，配额也随之增加。

这样的协议一直维持，直到1989年巴西拒绝接受配额减量，致使协约破裂，巴西认定自己是个效率十足的生产国，在协约之外运行将更有利。国际咖啡协议失败的结果便是出现了一个不受管制的市场，售价也在之后5年大幅下滑，致使咖啡危机产生，进而促使咖啡产业公平交易运动的兴起。

由于巴西在全球咖啡市场占有举足轻重的地位，任何影响巴西咖啡生产的因素都会对全球咖啡售价带来相应的影响。其中，一个因素在于巴西农作物每年的交替生长循环。多年下来众人发现，巴西的咖啡收成产量会出现一年大一年小的循环。近年来，咖啡农开始实行某些措施，以缓解这样的情形，使每年产量得以更为稳定。这样的差异源自咖啡树本身会出现大小产量交替循环，但可借轻度剪枝来调整。轻度剪枝在巴西并不常见，生产者通常偏好剧烈修剪，因此次年仅会有少量收成。过去曾发生不少影响咖啡产业的重要事件，像是1975年的黑霜害致使来年产量减少了75%。

因霜害的侵袭，全球咖啡价格立即呈2倍增长。2000年与2001年连续2年产量都很小，这也使2002年出现咖啡收成激增，却正好遇上当时因产量过剩，造成咖啡价格长期低迷。

巴西无疑是世界上最先进也最仰赖工业化咖啡生产的国家。因注重产量，巴西在生产高质量咖啡上的声誉并不高。大多数农场都采用相当粗劣的采收方法，像是直接剥除式采收，整段树枝与咖啡果全数一次剥除。如果种植园的面积大且地势平坦，生产者则会以机械采收，方法是将咖啡果从树枝上摇下来。这两种方法都没有将果实的成熟度纳入考虑，因此最终采收的咖啡中会有大量未熟果实。

有很长一段时间，巴西绝大部分的咖啡果是在采收后于庭院内以日晒法晒干。20世纪90年代传入的半日晒处理法确实对质量提升有所助益。多年来，巴西的精品咖啡生产者必须不断与大多数为了调配意式浓缩咖啡时所需的低酸度、高醇厚度而生产的巴西咖啡潮流相对抗。

不过，虽然多数巴西咖啡都没有种植在与品质有直接关系的高海拔地区，但在此仍然可以找到许多有趣而美味的咖啡。同样的，这个国家也生产许多纯净而甜美的咖啡，加上酸度不高，一般呈现巧克力与坚果气息，让许多人觉得十分易饮而美味。

巴西很积极地要提高境内咖啡消费量，这样的努力也渐渐看到成效。或许从小就给小孩喝咖啡的做法不是所有人都能接受，但如今巴西的咖啡消费量已经追上美国。咖啡生豆不得进口至巴西，这表示在巴西种植的咖啡多数都在当地消费掉。不过一般来看，当地所喝咖啡的质量都低于外销的咖啡。

咖啡馆在各大城市蓬勃发展，不过咖啡价格与欧美那些较佳的咖啡厅不相上下，也因此成为巴西境内贫富差距的另一象征。

高质量的巴西咖啡通常可追溯到特定的咖啡园，低质量的咖啡则大批生产而无法追溯。标示"Santos"的咖啡仅表示这是经Santos港外销，与咖啡产区无关。产销履历与质量直接相关这点在巴西并不适用，因为境内有些咖啡园的咖啡产量超过玻利维亚全国。虽然有生产规模较大、咖啡产地可追溯等优势，但这并不意味着质量因此较高。

（二）哥伦比亚 Colombia

咖啡可能是在1723年由耶稣会修士传入的，不过关于这点众说纷纭。咖啡逐渐散布到境内各区成为经济作物，但咖啡生产直到19世纪末才真正开始占有举足轻重的地位。到了1912年，咖啡已占哥伦比亚外销总量的50%。

哥伦比亚很清楚营销的价值，也很早便开始建立品牌形象。1958年创造出哥伦比亚咖啡代言人农夫胡安.瓦尔德茨这个人物，可以说是他们最大的成功。胡安·瓦尔德茨与他的骡子成为哥伦比亚咖啡的代表，他们的图像在咖啡包装上随处可见，也出现在不同的广告活动中，

过去几年来由3位不同的演员扮演。胡安·瓦尔德茨成为一个容易辨识的品牌，同时也增加了哥伦比亚咖啡的附加值。因早期的营销标语如"高山咖啡"以及不断以"100%哥伦比亚咖啡"做推广，使得哥伦比亚咖啡在全球消费者心目中有了独特的地位。

这一切的营销推广计划是由哥伦比亚咖啡生产者协会（简称FNC）所发起执行的。协会成立于1927年，对咖啡产业来说相当不寻常。虽然许多国家都有各种专门从事如此庞大而复杂的组织。FNC是私人非营利组织，目的在于维护咖啡生产者的利益，资金源自咖啡外销收入中的特别税收。由于哥伦比亚是全球几个最大的咖啡生产国之一，FNC因此拥有庞大的资金，成为一个庞大的官僚组织。变得官僚化恐怕是难以避免的，因为现今FNC是由50万名咖啡生产者会员组成的。

FNC除了表面涉及咖啡营销、生产及财务运作外，它的触角更深入产区的社区发展层面，FNC针对社会及实体建设贡献良多，包括郊区道路修筑、设立学校与健康中心等。FNC另外也投资了诸多咖啡以外的产业，借以协助区域发展及增加居民福利。

近年来FNC与较注重质量的生产者之间出现了一些摩擦。因为FNC为农民的利益设想，有时不一定对咖啡质量提升有所帮助。FNC设有名为Cenlcafe的研究部门，专门从事特定品种的培育，许多人认为此部门对品种的推广是针对产量提升而非质量考虑。不过两种做法都各有利弊，随着全球气候变化对哥伦比亚咖啡产业的稳定性开始造成影响，要反对一种能保证咖啡农生计不成为问题的品种其实也很困难，最后必然牺牲一些风味较佳的品种作为代价。

哥伦比亚咖啡带有许多不同的气味，有的浓郁呈现巧克力味，有的宛如果酱般甜美，带着果香。各个产区之间存在极大差异。

（三）哥斯达黎加 Costa Rica

咖啡自19世纪便开始在哥斯达黎加种植。哥斯达黎加在1821年在脱离西班牙独立后，当时的自治政府将咖啡种子免费发给农民，鼓励种植咖啡。文献上记载那时哥斯达黎加约有17000棵咖啡树。

1825年政府持续推广咖啡种植，方法是咖啡免除某些税。到1831年，政府又颁布命令，如果有人在休耕的土地上种植咖啡超过5年，便可以得到该土地的所有权。

1820年已经有一小部分咖啡外销到巴拿马，但真正的外销是从1832年开始的。虽然这些咖啡最终是要运往英格兰，但首先经过智利，重新包装并命名为"Cafei Chileno de Valparaiso"。

在英国人增加他们对哥斯达黎加的投资后不久，两地的直接外销也自1842年开始。1863年创立了Angla Costa Rican银行，提供资金使产业得以发展。

1846—1890年将近50年的时间，咖啡是该国的唯一外销作物。咖啡的生产也促进了基础建设的发展，例如建造了境内第一条跨越全境、通往大西洋的铁路，同时资助了医院、邮局、印刷公司等的建立。此外还有文化上的影响，像是国家戏院就是早期由咖啡经济催生出的产物，另外如第一座图书馆与圣托马斯大学也是如此。

哥斯达黎加的咖啡基础建设长期以来有助于在国际市场上取得较好的价格。水洗处理法在1830年引进，到了1905年，境内已有200家湿处理厂。水洗咖啡能获得较高的价格，经如此处理的咖啡通常质量较佳。

咖啡产业此后仍继续发展，直到各产区可种植的区域都已饱和为止。哥斯达黎加境内的所有土地并非都适合种植咖啡，这点至今仍然抑制着咖啡产业的发展。

不可否认的是，哥斯达黎加咖啡长期以来拥有极高的声望并能获取较好的价格，产于此地的咖啡多半口感纯净，令人愉悦，有趣且独特。20世纪下半期境内开始出现放弃种植原生品种、转向高产量咖啡品种的声浪。当然高产量对经济发展有帮助，但许多精品咖啡买家则注意到此地的咖啡杯测质量降低，甚至变得较不具吸引力。不过近年来出现一些转变，让人重新开始注意哥斯达黎加的优质咖啡。

从一开始，咖啡种植在哥斯达黎加便受到大力扶持，政府更将土地发给那些想要种植咖啡的农民。1933年，因来自各咖啡产区的压力，政府成立了一个名称相当威猛的"咖啡防御机构"。一开始，这个组织的功能在于保护小型咖啡农不致遭到剥削，防止奸商便宜买入这些咖啡豆，经处理后再以高价卖出获取高额利润。机构的做法是设定大型处理商的获利上限。1948年，这个政府机构更名为Officina del Cafe，部分职能则转移到政府农业部。如今，这个组织仍在运营中。

哥斯达黎加的咖啡长期以来在品质上广获好评，也因此在国际商业咖啡市场上得以获取高价。精品咖啡市场开始发展后，产业缺乏的是咖啡的可追溯性。在2000年前后来自哥斯达黎加的咖啡，包装上多半是以大型处理厂或咖啡农为名。这类品牌对咖啡的出处、产区的独特风土或质量，标示都相当模糊。在处理过程中也很少注重每批咖啡的独特性。

21世纪中、晚期，境内开始出现许多微处理厂。咖啡农各自投注资金拥有自己的采收后处理设备，因此得以自行处理大部分的咖啡。这表明他们对各自的咖啡与风格拥有更多的掌控权，来自哥斯达黎加各产区的咖啡也大量增加。一直以来，口感独特或不寻常的咖啡通常都会与邻近农场的咖啡相混合，不过这样的情况将越来越少发生。正因如此，细细探索哥斯达黎加咖啡会让人感到欣喜无比。它通常十分纯净甜美，但醇厚度偏向淡雅。不过近年来许多微处理厂开始生产口感与风格多样的咖啡。现今要品尝来自同一区域的不同咖啡变得更容易，因地理环境差异而出现的风格差异也变得明显。

哥斯达黎加是中美洲最先进也最安全的国家，这使其成为十分受欢迎的观光景点，吸引大量北美游客。观光业如今不但取代咖啡产业成为哥斯达黎加的主要经济来源，同时也与咖啡产业相互冲击与结合。生态观光业在哥斯达黎加十分受欢迎，要参观咖啡园也相当容易。提供咖啡观光行程的通常是较不重视品质的大型咖啡园。但是能近距离了解咖啡生产过程也是件十分有意思的事。

目前在哥斯达黎加，咖啡农拥有自己的土地是十分常见的事，其中90%的咖啡生产者都是小到中等的土地，也因此，要将咖啡追溯至单一咖啡园或特定共同合作社是可能的。

（四）美国：夏威夷 United States：Hawaii

夏威夷是唯一一个位于发达国家的咖啡产区。这对咖啡的经济与营销造成了影响。此地的生产者与消费者的沟通十分成功，时常将岛上观光行程与咖啡衔接。不过许多咖啡专业人士认为此地的咖啡质量恐怕与价格并不相称。

咖啡在1817年来到夏威夷，不过最初种植并不成功。1825年，欧胡岛总督自欧洲起航，途经巴西，带回了一些咖啡树苗。这些树苗后来开始茁壮生长，遍布全岛。

19世纪晚期，咖啡产业先后吸引了来自中国和日本的移民，来到岛上在种植园内工作。20世纪20年代，菲律宾人在采收期间会来到咖啡园工作，春天则在甘蔗园做工。

不过，一直要到20世纪80年代，当制糖产业出现利润不足的情况后，咖啡才开始成为重要的经济作物。这也引发了全夏威夷的咖啡热潮。

Kona是夏威夷境内著名的产区，在全球赫赫有名。Kona产区位于大岛。因悠久的咖啡种植历史，此区声望一直很高。不过成功也带来名称被滥用的情况，现今岛上的法规规定所有Kona咖啡都必须标示来自Kona的实际混调量，"100％Kona"则被严加管控。加利福尼亚州的Kona公司曾想尽办法保护其商标与名称，不过1996年该公司的"Kona Coffee"却被发现豆子来自哥斯达黎加，公司管理层因此被判有罪。近几年来，此区开始受到咖啡果小蠹的袭击。岛上制定了一系列措施对抗此病虫害，虽然可以见到一些成效，但是许多人担心这样会使Kona咖啡的价格变得越来越不具有亲和力。夏威夷Kona咖啡通常酸度低，醇厚度中上，易饮，但缺乏复杂度与果香。

毫无疑问，产于发达国家的产品产销履历制度十分健全。咖啡多半可追溯至单一咖啡园。一般来说，咖啡农会自行烘焙咖啡，直接卖给消费者或观光客。其余多半销往美国本土。

（五）牙买加 Jamaica

1728年，总督尼古莱斯·劳斯爵士收到来自马提尼克总督的礼物——一株咖啡树苗，咖啡在岛上的历史自此展开。之前劳斯爵士已试种过多种农作物，后来在St Andrew区种咖啡树。最初咖啡产量相当有限，但到了1752年，牙买加已经外销了27吨咖啡。

18世纪后期咖啡产量开始突飞猛进，咖啡种植区也由St Andrew扩散到蓝山（Blue Mountains）。1800年境内拥有686座咖啡种植园，1814年产量达15000吨。

在此之后，热潮开始消退，咖啡产业发展趋缓。主要原因之一在于人力缺乏。奴隶制度在1807年废除，但奴隶解放要到1838年才真正落实。虽然有人想以招募先前是奴隶的人成为领薪劳工，但咖啡产业仍然无法与其他产业竞争。加上土壤管理不当与失去英国对殖民地的贸易优惠政策，咖啡产业急速衰退。到了19世纪50年代，境内仅剩180座种植园，产量缩减至1500吨。

到了19世纪末，牙买加生产了大约4500吨咖啡，但是质量不佳的问题开始出现。1891年，政府通过一项法令，希望通过教育生产者关于咖啡生产的知识来提升质量，境内基础设施也得到改善，使咖啡能够进行中央化处理与分级。这个方案效果极为有限，即便中央咖啡结算所在1944年成立，所有咖啡在外销前都必须经过此机构的核定。此外，政府在1950年还成立了牙买加咖啡委员会。

自此之后，来自蓝山区域的咖啡声望与日俱增，之后更被视为全球最优异的咖啡之一。不过当时少有处理过程严谨的咖啡存在，如今牙买加咖啡更无法与来自中、南美洲或东非最优质的咖啡竞争。牙买加的咖啡口感多半纯净、甜美、温和，但缺乏一般人期待精品咖啡等级的复杂度与独特性。不过，此地的咖啡比其他生产国更早开始稳定生产，加上营销信息明确，咖啡口感纯净而甜美，因此牙买加的咖啡相对拥有更多优势。

咖啡营销史上最成功的案例要属牙买加。蓝山产区有着明确的范围限定并受到保护。唯有位于Saint Andrew、Saint Thomas、Portland、Saint May地区，且种植海拔在900～1500米的咖啡称为"Jamaica Blue Mountain"这个名称。海拔450～900米种植的咖啡称为"Jamaica High Mountain"，在此高度以下的则为"Jamaica Blue Supreme"或"Jamaica Low Mountain"。蓝山咖啡的产销履历会令人感到困惑，因为它们多数都是以处理厂的名称卖出。这类处理厂有时可能会将大型庄园的咖啡豆分开处理，多半会从区内众多的小农户那里买入咖啡豆。长久以来，大多数牙买加蓝山咖啡都销往日本。豆子装在小型木桶而非麻袋中。由于能够卖到高价，因此市场上通常也有为数不少的假蓝山。

（六）巴拿马 Panama

咖啡树苗应该是在19世纪初随着首批欧洲移民者来到巴拿马的。过去很长一段时间，巴拿马咖啡的声誉不佳，产量也仅达邻国哥斯达黎加的十分之一。不过现今精品咖啡产业开始对此区高质量咖啡产生了浓厚兴趣。

巴拿马地理环境意味着境内咖啡产区有着不少独特的微气候，其中不少极具能力且致力于开发的生产者，因而当地拥有许多质量绝佳的咖啡，当然相对也要价不菲。

咖啡的高价格一方面来自另一重要的因素：房地产。许多北美洲人都希望在这个政治稳定、风景优美且物价相对便宜的国家买房，因此土地需求极高，许多过去作为咖啡园的土地，现今成为外侨的住家。巴拿马在对劳工保障的法案上也有较高的标准，咖啡采收工人的薪资较高，这些费用也间接转嫁到消费者身上。

谈及咖啡价格，巴拿马的一座咖啡园绝对不能不提。世界上应该没有哪个庄园能够像翡翠庄园这样对中美洲咖啡产业有如此重大的影响。此庄园由彼得森家族所拥有。

　　过去在国家商业咖啡价格偏低时，巴拿马精品咖啡协会便举行了一个名为"最佳巴拿马咖啡"的竞赛。来自巴拿马境内不同咖啡庄园最优异的咖啡豆依据评比排名，接着上网接受竞标。

　　翡翠庄园很多年前便种了一个名为瑰夏的独特品种，加入竞赛后，他们的咖啡开始被广大的客户群所认识。2004—2007年连续4年都赢得奖项。接着在2009年、2010年以及2013年单一品项上赢得竞赛。从一开始，此庄园的咖啡便打破纪录。2004年每磅（1磅=45千克，全书特此说明）21美元，到2010年更攀升到每磅170美元。该庄园有一小批日晒处理咖啡更在2013年卖到每磅350.25美元，无疑成为全球最贵的庄园咖啡。

　　不同于其他超级高价的咖啡（如新奇热潮炒作的猫屎咖啡，或部分牙买加蓝山咖啡），这座咖啡庄园得以获得高价的原因在于咖啡质量确实极高，当然需求量大以及优异的营销策略也是重要的原因。这个打破众多纪录的咖啡品种口感相当特殊，花香与柑橘香丰富，但相当清爽，带着如茶般醇厚的口感是此品种的独特性。

　　从巴拿马及中美洲其他国家开始种植瑰夏品种便不难看出此庄园的影响。对许多生产者来说，瑰夏品种似乎是高价位的保证。从瑰夏多半可以比其他品种卖到更高价格的情况来看，这或许没有错。

　　一半来自巴拿马的咖啡都会拥有比较完备的产销履历。咖啡通常可以追溯到单一庄园。除此以外，从特定庄园产出独特批次咖啡豆也较常见，像是以特别的采收后处理法制作的咖啡或来自咖啡树衍生出的特殊品种。

拓展知识

咖啡杯测

咖啡杯测，英文叫coffee cupping，也叫coffee tasting。通俗地说就是用一种特殊的冲泡方法来品尝咖啡，任何人都可以参与，只不过咖啡杯测师会用更专业的打分表格来评价每一杯咖啡，给咖啡打分。

杯测从香味和滋味对冲泡好的咖啡的品质进行评测。进行评测需要遵守标准的杯测规范，比如由美国精品咖啡协会（SCAA）制定的杯测规范。

杯测的时候把咖啡研磨到一个较粗的粉末，按照8.25克粉对150毫升93摄氏度的热水的比例在杯子中进行冲泡，杯中注水3分半以后用勺子在杯子表面搅拌3下，撇去浮沫，就可以用勺子开始舀咖啡品尝了。

杯测所需要的工具很简单：磨豆机，秤，温度计，杯子，勺子，如此简单的工具在咖啡农场都可以找到，咖啡地头就可以做杯测。冲泡咖啡的很多数值都被量化：咖啡粉末的研磨度，咖啡的重量，温度都统一量化，保证杯测桌上每一杯咖啡是在同一条件下冲泡的。

在咖啡行业的产业链上有几类人群是要做杯测的：做生豆贸易的豆商会通过杯测来了解咖啡生豆的品质，作为交易的依据，在精品咖啡的交易中，咖啡的杯中滋味决定着咖啡的价格；咖啡烘焙师，通过杯测来确定咖啡的烘焙度和咖啡出品的质量控制；还有就是有细心的咖啡店老板也会用杯测来挑选供应商；爱好者也可以通过杯测来同时比较，了解几款咖啡豆的味道。

评估咖啡时，杯测师会将品尝记录写在一张计分表上，不同的生豆精制处理法会使用不同的表格，但不论是哪种格式，下列的打分项一定会有：

甜味：这种咖啡豆有多少甜味？这是咖啡中一个十分讨喜的特点，

当然越多越好。

酸味： 这种咖啡都有多少酸味？酸味讨喜吗？假如酸味中令人不悦的成分居多，就会被形容为臭酸，讨喜的酸味则尝起来有爽快、多汁的感觉。

对于咖啡品鉴初学者来说，酸味是较难的项目，他们可能从没有预料过咖啡里有那么多的酸味，当然过去也不认为酸味是个正面的风味项目。苹果是个不错的范例，苹果中的酸味是非常美好的，因为可以增加新鲜的质感。

许多专业人士偏好酸度咖啡，就像啤酒爱好者可能最后都会偏好啤酒花特定明显的啤酒，这可能导致从业人员与最终消费者之间的认知差异。就咖啡产业来说，一些较不寻常的风味像是水果的调性，其来源取决于咖啡豆本身的密度高低，一般而言，高密度的咖啡有高酸度，同时也有许多有趣的风味。

口感： 这种咖啡是否是清淡的、细致的、茶般的口感？或是有丰厚的、鲜奶油般的、厚实的特质？再次强调，不是每样东西越多越好，低质量的咖啡豆时常有厚实的口感，同时也有较低的酸度，但通常都很难喝。

均衡性： 这是品鉴时最难以定义的特质，在一口咖啡汁液中会出现非常多不同的风味，但是这些风味是否和谐？是否像一首创作完美的乐曲？还是里面有个元素太突出？是否有某项特质太过强烈。

风味： 这个项目不只描述一种咖啡里的各种风味和香气，品评者是否喜欢这杯咖啡的表现也要列入参考。许多初学品评者在这个方面时常感到挫败，他们品尝到的每一款咖啡豆显然都不一样，却无法用足够的词汇来形容。

常见单品咖啡风味特点简介

巴西咖啡（Brazil）： 巴西咖啡种类繁多，多数的咖啡带有适度的酸性特征，其甘、苦、醇三味属中性，浓度适中，口味滑爽而特殊，是最好的调配用豆，被誉为咖啡之中坚，单品饮用风味亦佳。

哥伦比亚咖啡（Colombia）： 产于哥伦比亚，烘焙后的咖啡豆，会释放出甘甜的香味，具有酸中带甘、苦味中平的良性特性，因为浓度合宜的缘故，常被应用于高级的混合咖啡中。

摩卡咖啡（Mocha）： 产于也门。豆小而香浓，其酸醇味强，甘味适中，风味特殊。经水洗处理后的咖啡豆，是颇负盛名的优质咖啡，通常以单品饮用。

曼特宁咖啡（Mandheling）： 产于印尼苏门答腊，被称为颗粒最饱满的咖啡豆，带有极重的浓香味，辛辣的苦味，同时又具有糖浆味，而酸味就显得不突出，但有种浓郁的醇度，是德国人喜爱的品种，咖啡爱好者大都单品饮用。它也是调配混合咖啡不可或缺的品种。

爪哇咖啡（Java）： 印尼的爪哇岛在咖啡史上占有极其重要的地位。目前，也是世界上罗布斯塔咖啡的主要生产国，而其少量的阿拉比卡咖啡具有上乘的品质。爪哇岛生产精致的芳香型咖啡，酸度相对较低，口感细腻，均衡度好。

哥斯达黎加咖啡（Costa Rica）： 优质的哥斯达黎加咖啡被称为"特硬豆"，它可以在海拔1500米以上生长。其颗粒度很好，光滑整齐，档次高，风味极佳。当地人均咖啡的消费量是意大利或美国的2倍。

蓝山咖啡（Jamaica Blue Mountain）： 是由产自牙买加蓝山的咖啡豆冲泡而成的咖啡。其中依档次又分为牙买加蓝山咖啡和牙买加高山咖啡。蓝山咖啡口味浓郁香醇，而且由于咖啡的甘、酸、苦三味搭配完美，所以完全不具苦味，仅有适度而完美的酸味。

　　耶加雪菲咖啡（Yirgacheffe）：产自埃塞俄比亚，一杯水洗耶加雪菲（Yirgacheffe）能够带出来的精致花香和香甜果味，堪称无与伦比。

　　西达摩咖啡（Sidamo）：产自埃塞俄比亚，日晒处理的西达摩，甘甜、大气。

🫘 探索一粒咖啡豆的由来

一、从种子到成树

　　许多较具规模的咖啡园都拥有自己的育苗区，功能是充当尚未长大的种苗在移植到咖啡园前的庇护所。咖啡豆（种子）种植在肥沃的土壤中，很快便会发芽，之后咖啡豆本体会被发出的新芽抬升起来，在这个阶段它们被称为"卫兵"，其样子看起来颇怪异，就像烘焙后的熟豆粘在一根细细的绿色叶柄上，不久之后，整个植株会飞快地长大，直到6~12个月后，种苗才能从育苗区转移到正式的咖啡园区里。

咖啡种子从发芽到种苗的过程

　　种植咖啡不仅需要投入金钱，更要投入时间，一个咖啡生产者从种下咖啡开始算起，至少需要3年的等待，才能开始有适量的咖啡果实可以采收。种植咖啡树是一件需要严肃对待且需下定决心的事情，这也就意味着一旦某位生产者放弃种植，他将很难鼓起勇气再次种下咖啡豆。

咖啡育苗

全世界几乎所有的咖啡树都生长于热带。从幼苗到植物成熟的开花期，阿拉比卡种咖啡树的典型生长期为3～5年。开花后短时间内即开始结果，9～11个月成熟。咖啡树喜欢潮湿多雨、少见阳光、土壤肥沃、排水好的环境。种植咖啡最理想的温度

咖啡花

是15～25摄氏度，降水量在1000～2000毫米且主要集中在花期，阿拉比卡种咖啡树对风和高温尤其敏感。因此咖啡树普遍种于高海拔之地，最适宜的高度通常在1000～2000米，海拔再高的话又会增加结霜的危险。

如果放任不管，很多阿拉比卡种和罗布斯塔种的咖啡树能长到好几米高。因此一定要经常修剪树木顶部的枝条，保证果实的高度在采摘人能够得着的位置——从没听说过哪个农场的工人是踩着梯子摘咖啡的。

二、开花与结果

大多数的咖啡树一年一获，某些产国一年会有第二次收成，但通常产量较小，质量也差。整个生产循环始于一段为时不短的降雨期，雨水会促使咖啡树开花，盛开的咖啡花朵气味十分浓郁，令人联想到茉莉花。

蜜蜂等昆虫会协助咖啡花授粉，不过阿拉比卡的咖啡花可以

咖啡果

自体授粉，这就意味着除非因为不良气候因素将花打落了，否则咖啡花最终都会结成果实。

总共需要9个月，咖啡果实才可以开始采收。不幸的是，咖啡浆果并非同一时间成熟，生产者时常得面临一种挣扎：究竟该一次把成熟的与未成熟的、过成熟的果实同时采下凑出较多产量，还是付出额外成本请采果工人特别留心只采完美的成熟果实？

咖啡的种子，也就是咖啡豆，由许多结构组成，大部分都会在生豆精制处理阶段去除，留下我们拿来研磨及冲煮用的咖啡豆。种子的外层具有保护作用，称为内果皮，往内还有一层薄膜，称为银皮。

大部分的咖啡浆果内都有2颗咖啡对生种子，相连的面会随着果实生长呈现平面状态，称为平豆。偶尔会只有一颗种子在浆果中，称为小圆豆，它不像平豆有一面是平面，而是呈椭圆形，占总体产量的5％左右。通常小圆豆会特别分离开来，因为有些人相信它具有特别讨喜的特质，也有人认为小圆豆必须用不同于平豆的烘焙方式处理。

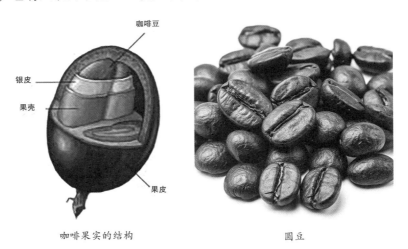

咖啡豆

银皮

果壳

果皮

咖啡果实的结构   圆豆

（一）咖啡果实的结构

不同品种，咖啡果实的大小也会不同，但总的来说咖啡果实的大小就像小号的葡萄。不同于葡萄的是，咖啡果实中心的种子占了整颗果实的大部分，表皮及其底下的一层果肉（果胶）占比例较低。

　　所有的咖啡浆果一开始都是绿色的，随着日渐成熟，果皮颜色也日益转深，通常成熟果实的果皮颜色是深红色的，不过也有些品种是黄色的，要是黄果皮的咖啡树与红果皮的混血后也会产生橘色果皮的品种。果皮颜色虽然不被认为与产量有关联，但生产者却往往避免种植黄果皮咖啡品种，因为辨识成熟度相对较困难。红色果皮的果实会从一开始的绿色变为黄色再转为红色，因此手工采摘时更容易辨识出成熟果实来。

　　果实的成熟度通常与其含糖量多少有直接的关联，而这正是种出美味咖啡的决定性因素。概括而论，果实含糖量越高代表咖啡质量越好。但是，不同的生产者可能在不同的果实成熟阶段进行采收，有些生产者认为混合不同成熟度的果实可以增加咖啡风味的复杂度，不过所有浆果必须有一定的成熟度，不能有任何一颗过熟，以免产生一些令人不悦的风味。

　　当咖啡果实成熟时，果肉部分令人讶异的美味，像是十分讨人喜欢的哈密瓜般香甜，伴随着一点清新怡人的果酸，有时咖啡果实会被拿来榨汁并调成一些饮品。但是即便咖啡果实完全成熟，果汁量也不多，且必须先把种子与果皮、果肉分开。

（二）咖啡种子

　　生咖啡豆（即未经烘焙的咖啡豆）和大多数种子差不多，富含糖类、酸类、蛋白质和脂肪，这些也基本上是植物生长和成熟过程中所需的全部物质。糖类提供咖啡豆所需的能量，加工后的生咖啡豆，其总质量的一半左右由糖类构成。糖类的

咖啡生豆

10%～20%是蔗糖，烘焙时感受到的甜味、甜苦参半的焦糖味甚至一点点酸味，都是由它而来。脂肪与蛋白质的含量同样很高，后者在烘焙

时与糖产生美拉德反应，咖啡豆就变成了我们熟悉的焦褐色，令人陶醉的香味也随之而来。

咖啡因是一种生物碱，自然含量占1%～2%。咖啡豆里的另一种生物碱叫葫芦巴碱，虽少有人知，但也占到咖啡豆干重的1%左右。烘焙时葫芦巴碱发生化学反应，大量释放出包括烟酸（即维生素B_3）在内的复合型苦味。余下的大量有机酸提供了酸味和苦味，其中最重要的当属绿原酸（CGA），约占生咖啡豆干重的8%。

三、采收咖啡

对咖啡风味质量来说，仔细采收咖啡浆果是很基本却非常重要的一步。毋庸置疑，当咖啡果实达到最佳成熟度时采收，制作出来的咖啡通常味道也最棒。专家将采收阶段视为影响咖啡质量的关键阶段，采收之后的各阶段仅能保存质量，无法改善质量。

采收高质量的咖啡果实最大的挑战，大概就是所在地点地形了。高质量的咖啡必须种植在海拔相对较高的地区，许多咖啡庄园就位于多山区域的陡峭斜坡上。单只是穿过树木，就已经十分困难，甚至可以说是极其危险，不过这正是每座咖啡庄园的真实写照。

（一）机械采收法

巴西境内有许多海拔高度相同、地势较平坦的区域，恰好适合大量种植咖啡，这里的大型庄园将大型机械开进整齐划一的咖啡树列中，发出震动使得浆果松脱后掉落。

使用机械采收有许多缺点，最大的问题是会采收到未成熟的果实。咖啡树上的果实在枝条上同时会有完全成熟果与未成熟果存在，采收机无法分辨成熟度，会一并采收。这意味着采收完成后必须进行分离成熟果与未

机械采收咖啡

成熟果的工序，随着果实掉落的断枝与树叶也必须挑除。以机械采收可以大大降低成本，不过普遍看来就是质量会有所降低。

（二）速剥采收法

因为大型机械的使用仍有地形限制，绝大多数的采收工作还必须依赖手工。其中一种十分迅速的方法就是速剥采收法，一次将整个枝条上所有果实以熟练的手法快速剥除，就像机械采收般快速，但也较不精确。以此方法采收无须昂贵的机械，也不一定要平坦的地势，不过其采收到的是成熟果与未成熟果混杂，之后仍然需要进行筛选。

（三）手摘采收法

为了制作高质量的咖啡，手摘采收法仍然是目前最为有效的采收方法。采收工仅采摘状态完备的熟果，未成熟的果实等成熟后再采收，这是一种高强度的劳动。庄园主要面对的课题是如何鼓励采收工只采摘成熟的果实，由于采收工的

手摘采收咖啡

工资是称重计价，难免会让采收工心存采摘未成熟果实以增加重量的心思。重视质量的庄园必须格外注意采收工团队的待遇，必须针对采收质量的一致性给予额外的奖励。

手工采摘渐渐面临重大的挑战，因为这种方式占整体生产成本很大的比例，这也是在一些如夏威夷科纳般的发达国家产区，最终售价会如此昂贵的主要原因之一。在一些快速发展中国家，人们显然不会只想靠采收咖啡维生。中美洲的咖啡庄园通常会雇佣流动的劳动工人进行采收，这些劳工会在许多国家间来回穿梭，因为不同地区的采收期会有些不同。目前大多数这类流动采收工都来自尼加拉瓜——这个区域里经济相对落后的国家。对咖啡庄园而言，找到足够的劳动力进行采收将仍然

是一项挑战，事实上，波多黎各甚至一度让囚犯协助采收！

四、筛选果实

采收后的浆果，通常会再经过许多不同的工序筛选，避免未成熟果与成熟果对整批质量造成的影响，在一些工资相对较低、缺乏资金添购设备的地方，这一切都是靠手工完成。

在发展程度较高的国家，此工序通常会使用水选浮力槽进行，将咖啡浆果倒入一个大型水槽中，成熟果会沉入水底，并由泵抽取送至主要的后制流程中，未成熟果会浮在水面上，便于捞出分开处理。

五、生豆精制处理

咖啡在采收后进行精制处理方式，对一杯咖啡的风味具有很大的影响，因此如何描述和推销精制处理法就显得越来越重要。如果你认为咖啡生产者在选择精制处理法时会把风味当一回事，那可就大错特错了。当然有些生产者会以风味来考量精制方法，但绝大多数的生产者，如何在尽可能得到最少瑕疵豆并维持质量稳定的处理方法，换得最多的金钱价值，才是他们的目标。

此后，所有的咖啡浆果会送到湿处理厂进行从剥除外果皮到晒干咖啡豆等系列程序，才能达到适合储存的状态。在精制处理初期，咖啡豆含水率约为60%，理想的生豆含水率是11%～12%，如此才不会在等待出售及运送期间腐坏。一个所谓的湿处理厂可以是独自采购若干设备的一家农庄，也可以是具备处理巨量咖啡豆的大型工厂。

湿处理厂主要负责将咖啡浆果制作成晒干后的带壳豆。许多人相信外层的硬壳为里面的咖啡生豆提供了完善的保护，脱去硬壳前的生豆通常不会衰化，所以一般做法是即将出口前才会进行脱壳。

湿处理一词有点误导的意味，因为某些咖啡生产者在精制处理时根本没用到水，不过这个称呼是足以与紧接其后的干处理有区分先后的功用。干处理指的是脱壳及生豆分级。

　　毫无疑问，精制处理对咖啡质量影响巨大，越来越多老练的咖啡生产者开始以操纵精制处理流程的差异，制出具备特定质量的产品，如今蔚为一股风潮。但是具备这种能力的咖啡生产者仍属稀有品种。

　　对大多数咖啡生产者而言，制作出能换取最多利润的咖啡豆是决定使用何种精制技巧的考虑重点，有些精制处理方式需要较长的时间，较多的金钱和较多的天然资源，因此这个决定显得十分关键。

（一）日晒处理法

　　日晒处理法亦称为干燥式处理法，是古老的生豆精制处理法。采收后的咖啡浆果直接铺成薄薄一层接受阳光暴晒。有些生产者会把浆果放在砖造露台上，有些则使用特制的架高日晒专用桌，让浆果有更多的空气对流，干燥效

咖啡日晒处理

果会更均匀。日晒过程中必须不断翻动浆果，以避免发霉、过度发酵或是腐败。浆果达到适当的含水量时，就会用机器将外果皮及硬壳脱出，在出口之前会以去壳生豆的状态保存。

　　日晒处理法的加工流程：拣除未成熟果实→果实晒干→静置→脱皮/脱壳→出口。

　　日晒处理法本身会为咖啡增加若干风味，偶尔会添加宜人的好味道，但大多时候是令人不舒服的气味。埃塞俄比亚及巴西的某些地区，由于没有水源可以利用，日晒处理法可能就是生产者唯一的选项了。在全世界的产区中，日晒处理法通常被视为用来制作非常低质量或未成熟果较多的批次。大多数人会以最节省的方式制作，因为这些日晒豆最后多是留在国内市场，较不具有经济价值，如果为了这样相对低的回馈去投资架高式日晒处理桌，显然有违常理。不过部分选用日晒处理法制作高质量咖啡豆的人会发现，用日晒处理法较昂贵，因为要照顾好这些

高质量日晒豆，就得付出较高的专注力以及较多的劳力。

在某些地方，日晒处理法仍保持着一贯的传统，显然市场上对较仔细处理出来的日晒豆批次也有需求，不论是哪个品种或种在哪个小气候区域，日晒处理法通常都会为咖啡增加水果般的风味。所谓的水果般风味通常指的是蓝莓、草莓、热带水果的味道，但有时也会产生负面的风味，如谷仓旁的土地味，野性风味，过度发酵味及粪便味。

高质量的日晒豆让咖啡工作者走向极致，许多看得见咖啡真价值的人发现，那些尝起来水果风味特别强烈的咖啡，格外适合展示咖啡风味的可能性。另一些人则觉得野性风味令人感到不舒服，或担心这会让越来越多的采购者变相鼓励生产者做出更多的日晒豆。日晒处理法是一种相对难以预测成败的精制处理法，一个经过高质量采收的批次，有可能因为这个处理法而做坏，造成难以挽回的失败和生产者重大的经济损失。

（二）水洗处理法

水洗处理法的目标是在干燥程序之前，去除咖啡豆上黏乎乎的果肉层，如此可大大降低在干燥过程中可能出现的变量，因此咖啡豆可能有较高的经济价值。不过，这个处理法也比其他方法花费更多成本。

去果皮

水洗处理法的加工程序：水槽浮力筛选未成熟果实→去除外果皮→水槽发酵→清洗→晒干→静置→脱皮/脱壳→出口。

采收后的浆果，会用去果皮机将外果皮及大部分果肉从咖啡

清洗

豆上分离，咖啡豆随后导引至一个干净的水槽里，浸泡在水中进行发酵，以去除剩余的果肉层。

果肉层含有大量果胶体，牢牢黏附在咖啡豆上，发酵作用会破坏果胶体的黏性，使其容易冲洗下来。不同的生产者会采用不同的水量参与发酵的过程。水洗处理法有环保上的疑虑，部分原因是发酵后产生的污水可能带有危害环境的毒性。

日晒

发酵程度所需的时间与许多因素有关，包括海拔高度及周围的环境温度，越热的环境发酵作用越快。如果咖啡豆在发酵过程中浸泡太久，负面的风味会增加。要检测发酵作用是否完成有许多方法，有些生产者会用手抓抓咖啡豆，看看是否会发出果胶脱落时的嘎吱声，如果有就表示咖啡豆较干爽而不黏滑。另一些生产者则会在水槽里插入棒子检查，果胶脱落后会让水槽里的液体呈现微微的凝胶状态，因此棒子如果能竖直，发酵程度就算完成了。

发酵程序完成后，将咖啡豆以清水洗去残留物，之后就等待干燥了。干燥程序通常是将咖啡豆平铺在砖造露台上或是架高日晒专用桌上。与日晒处理法相同的是，这道工序需要用一个大耙子频繁地翻动咖啡豆，以确保咖啡豆能够缓和又均匀地干燥。

在缺乏日照或湿度较大的高山地区，生产者会使用机械烘干机将咖啡豆的含水率收干至11%～12%。以咖啡豆质量而论，用机械烘干法的通常被认为味道稍逊于用天然日晒干燥法的。甚至，将咖啡豆置于露台上直接暴晒，干燥程序有可能进行太快，因而无法达到质量最佳化的目标。有许多制作高质量咖啡豆的生产者为了减少瑕疵豆比例而选择水洗法，这对咖啡风味仍产生冲击。相较于其他处理方法，水洗处理法往往呈现酸度较高，复杂度稍强以及更干净的特质。干净是个重要的词汇，意指一杯咖啡里完全没有任何负面风味存在，如瑕疵风味或不寻常的尖锐及涩感。

（三）混合处理法

1.去果皮日晒处理法

主要在巴西采用的处理法，由设备制造商经过多次试验研发而成，实验的方法就是要用比水洗处理法更少的水制作高质量的咖啡豆。

采收之后，咖啡果实用去果皮机剥除外果皮和大部分的果肉层，直接送到露台或架高日晒床进行干燥程序。保留的果肉层仍会贡献给咖啡豆更多的甜味与风味厚实度。本处理法仍需格外留意脱出果皮、果肉后的干燥程序。

2.蜜处理

蜜处理法加工程序：水槽浮力筛选未成熟果实→去除外果皮晒干→静置→脱皮/脱壳→出口。

本处理法十分近似于去果皮日晒处理法，主要在哥斯达黎加和萨尔瓦多等为数不少的中美洲国家采用。采收后的咖啡果实一样用去果皮机剥除外果皮，但会比去果皮日晒处理法用更少的水。去果皮机通常可以控制使果肉层保留多少在豆表面硬壳上，以此制作的咖啡可能称为100％蜜处理或20％蜜处理等。

3.半水洗处理法/湿磨处理法

印度尼西亚常见的处理法，当地称为gilingbasah。采收后的浆果脱除果皮后，进行短时间的干燥程序。与其他处理法不同之处在于，不是直接将咖啡豆晒到含水率11％～12％的程度，而是先晒到含水率30％～35％时脱去内果皮，让生豆表面直接暴露出来，之后继续晒干直到不易腐坏、方便储存的含水率为止，这种二次干燥的方式赋予咖啡豆如沼泽般的深绿色外观。

半水洗处理法是在所有处理法中唯一不是在运送出口前把内果皮脱

除的，许多人认为这是造成瑕疵风味的因素之一。但市场上显然已经将此视为印度尼西亚咖啡豆必定会出现的味道，因此不急着让这个处理方法消失。

半水洗处理法有着较低沉的酸度，同时有更醇厚的特性，加上这个处理法也制作出来许多不同的风味，如木质味、土壤味、霉味、香料味、烟草味以及皮革味，咖啡业界一直对这些风味是否讨喜存在很大的争议。许多人认为这些味道过于强烈，而掩盖了咖啡本身的味道（就像日晒豆的强烈味道也会盖住咖啡味），我们也很少有人真正探究印度尼西亚咖啡到底应该尝起来如何。然而，在印度尼西亚也有一些水处理法制作的咖啡豆，我认为颇值得尝试，这些咖啡豆很容易辨识，因为外包装上大多都会标示"水处理法"。

（四）脱壳及运送出口

离开湿处理工厂之后，咖啡豆仍保存在内果皮内部（除非是以半水洗处理法制作的），这时的生豆含水率已经降低，不必担心腐坏，能够放心储放。传统做法此时会让咖啡豆静置，为期30～60天。

要让咖啡豆进行静置的原因尚未研究出来，有些趣闻传说只要跳过静置的程序，咖啡尝起来会带着青涩味等不讨喜的特质，但陈放一阵子之后会恢复正常。另一个证据显示，静置期会影响咖啡运送后老化的快慢，也许与生豆内部的含水率有关。

在这期间的尾声，咖啡豆售出时才会进行脱壳，在此之前，外部的内果皮就是咖啡生豆最好的保护层。但带着内果皮一起运送会增加重量和体积，因此必须在运送之前脱壳以节省运输的开销。

脱壳程序是在干处理厂使用脱壳机取出内果皮，相对于干处理厂，湿

咖啡豆分拣

处理厂则是脱除外果皮以及果肉层，最后再进行干燥的程序。干处理厂一般也会有分级货筛选设备，脱壳之后，咖啡生豆会输送到一部色选机里检测颜色，任何明显的瑕疵豆都会挑除，接下来也可以使用大型的多层震动式筛网将不同尺寸的咖啡生豆分类，再以手工进行最后的分级。

这道十分费时的程序会在一个大型的台面上，搭配输送带一起进行，有时则会在大型露台上进行，常由女性工作者担任。她们在各自分配到的咖啡中尽可能地挑除所有瑕疵豆，有时还会用自动化输送带以限制挑豆的时间长短。这是个缓慢的程序，为咖啡豆增加了可观成本，但同时也大幅度提升了质量。这毫无疑问是件既艰难又单调乏味的工作，因此有耐心担任这份工作的人就能得到较高的报酬。

六、装 袋

到此阶段就能将生豆装袋了，通常会依照生产国各自不同的习惯装成约60千克或约69千克的规格。有时甚至会搭配保护性材质如多层聚乙烯制成的袋子，让咖啡生豆能防潮，有时会做成咖啡生豆真空包装，再以厚纸箱打包后才运送出口。

包装咖啡生豆

麻袋长久以来一直是包装咖啡生豆的主要材质。主因是很便宜、容易取得，且对环境的影响较小。但是，随着精品咖啡产业对于运输时的状态以及其后日常保存状态有更高的需求，新的包装材料正陆续研发出来。

七、运 输

一般来说，从原产地运输咖啡生豆出口都使用货柜，一个货柜最多可以装300麻袋的咖啡豆。部分廉价的低质量咖啡豆有时会直接倒入货柜，只用巨大的衬布盖住表面，因为购买这类低品质咖啡豆的烘焙商通常一收到货就会立即进行加工处理，整个货柜会用吊车直接把咖啡生豆倒进烘焙厂的进料站区内。

使用货柜并以海运运送咖啡生豆，是一种相对于其他运送方式对环境影响较小的方法，海运运费也相对便宜。缺点是会让生豆暴露在高温以及湿度高的环境下，质量可能因此大打折扣。运输同时也是一项复杂性很高的程序，常会因为许多国家的海关繁冗的手续，造成咖啡生豆必须存放在炎热、潮湿的港口中至少几个星期，有时甚至长达数月。空运则仍然是对环境及成本不友善的选项，许多精品咖啡产业的人至今因为运输问题而感到受挫。

八、尺　寸

在许多咖啡生产国里，以咖啡豆尺寸大小分级的历史较悠久，以质量分级的历史较短，事实上两者之间仍然被认为有点儿关联，虽然从技术层面而言完全不同。不同的生产国会采用不同的分级词汇定义他们的咖啡豆等级。

咖啡分级

分级通常是使用不同孔径尺寸的筛网达到分离不同大小颗粒的目的，传统上，偶数号（14/16/18目）的筛网是用来筛选阿拉比卡，奇数号（13/15/17目）则用来筛选罗布斯塔。咖啡生豆经脱壳程序后，马上倒入有许多不同号数筛网的震动式筛选机进行尺寸分级。

小圆豆是最小号数、完整无破损咖啡豆的等级，一颗果实内仅有一粒生豆时，就是小圆豆，正常情况下，一颗果实内应该会有两颗平豆。小圆豆被认为可能有较高的风味密集度，但并非举世皆准，不过拿相同批次的小圆豆与平豆相比较，是一种很有趣的经验。

大颗的豆子不一定就是最好的，就烘焙而言，豆子的颗粒大小差异越小越有利，烘出的咖啡豆也比较均匀。因为不同大小的咖啡豆有不一样的密度，在烘焙过程中，较小的颗粒（通常密度也较低）会发展得较快，较大的颗粒（通常密度较高）则发展得较慢。如果将差异很大的咖啡豆混合烘焙到同样的程度时，至少会有一部分没有达到理想的烘焙度。

九、咖啡豆的交易模式

人们常引用"咖啡是世界交易量第二大的期货手工商品"这句话，其实并不属实。不论交易频率还是金钱价值，咖啡甚至排不上前五名。即便如此，咖啡的交易模式已经成为一些道德组织关注的焦点。咖啡豆买卖双方之间的关系，常被视为第一世界对第三世界的剥削，虽然毫无疑问的确有剥削之实，但也仅是少数人。

咖啡生豆通常以美元为报价单位，以磅为重量单位。咖啡豆的交易价格在国际上拥有公认的行情，称为咖啡指数或是C价格指数。此价格指数即是商业咖啡在纽约证券交易所的交易价格。咖啡产量是以袋计算的，非洲、印度尼西亚及巴西的咖啡都是约60千克一袋，从中美洲来的则都是约69千克一袋。虽然是以袋计算，但在大批次交易中通常都是算货柜数，一个货柜通常可装载300袋咖啡豆。

与一般人想象相反的是，纽约证券交易所里真正买卖的咖啡量其实不多，但是C价格指数确实提供了全球咖啡交易时最低基本价格，也是咖啡生产者能接受的最低价格。某些特定较优质批次的咖啡通常会依照C价格指数再增加若干金额，有些国家如哥斯达黎加及哥伦比亚，一直以来都有较高的增加幅度。这个买卖模式仍然多集中在商业咖啡上，精品咖啡较少用。

依照C价格指数定价其实存在问题。因为价格是浮动的，某些区域的C价格指数通常会依据供需法则决定。但2000年年底起，全球咖啡需求量一直在增加，供应量则相对变少了，因此市场的咖啡价格便提高，这导致该年咖啡的C价格指数飙升到超过每磅3美元的有史以来最高点。这不单纯只是供需法则如此简单，也受到其他因素的影响，许多贸易商及投机型投资团体为了大挣一笔，投入大量热钱，造成咖啡产业前所未有的泡沫化。C价格指数才开始从此高点慢慢跌回投机者难以图利的正常范围内。

C价格指数不会反映出咖啡的生产成本，仅照着C价格指数买卖，生产者可能会因为种咖啡而陷入亏损，对这一问题最成功的对策当属公平交易运动，另外当然还有其他咖啡可持续发展的认证架构，如有机交易组织以及雨林联盟等。

（一）公平交易

虽然公平交易俨然成为一种成功的工具，让人们购买咖啡豆时觉得比较对得起良心，但公平交易实际上如何运作目前仍有一些模糊地带。许多人都假设公平交易系统承诺的事会完全做到，甚至做得更多，而且人们也认为任何咖啡都可以做到符合公平交易认证。但现实并非如此，更糟糕的是，想攻击公平交易认证制度的人，可以轻而易举地反驳说，农民并没有在咖啡产业的交易里真正得到较高的收入。

公平交易制度保证农民可以收到一个基本价格，得以可持续经营，当市场行情高于公平交易的底价时，每磅咖啡可以收取C价格指数高出0.05美元的价格。公平交易制度中公平贸易协会与咖啡产销合作社之类的组织合作，不能只针对单一农庄进行认证。评论者抱怨这样的模式缺乏可追溯性，并且很难保证多收的金钱能切实回馈给生产者。也有些人批评这个模式不能真正鼓励生产者提升质量，这的确让精品咖啡产业改变寻找咖啡的方式，不再从商业模型中寻找货源，而商业咖啡的价格是由全球供需关系决定的，与咖啡本质或质量毫无关系。

（二）精品咖啡产业

精品咖啡产业的烘豆商向咖啡生产者采购时，有许多不一样的交易条件和交易名词。

1.合作伙伴关系咖啡

一种咖啡生产者与咖啡烘焙商之间持续伙伴关系，通常彼此会针对质量提升以及更有利于可持续经营的收购价格进行对话与合作，为了朝正面的方向前进，咖啡烘焙商必须购买足够的咖啡豆数量。

2.直接贸易

最近兴起的一种交易模式，咖啡烘焙商希望能与咖啡生产者直接沟通，而非通过进口商、出口商或者其他第三方组织。这个模式的问题在于降低了进出口贸易商这个重要角色在这个产业中的地位，可能不公平地把他们描述为单纯剥削生产者的中间人。为了让这个模式能有效运行，咖啡烘焙商必须购买足够的咖啡豆数量。

3.公正买卖模式

每一笔交易都有良好的透明度及可追溯性的资料，并支付生产者较高的价格。这个模式并没有一套认证系统来定义每一笔交易但是所有参与者都共同朝着好的方向来完成交易。第三方组织有时也会参与，但通常只在会增加附加价值的条件下。这个名词通常只有在消费者询问某一批咖啡是否为公平交易咖啡时，才会特别提出说明。

这些交易模式背后的真正含义，就是让咖啡烘焙商尝试购买更多容易追溯来源的咖啡豆，减少供应链里不必要的中间人，并付出较高的价格奖励愿意生产较高质量咖啡豆的生产者。但是这些模式与概念都遭到若干批评，缺少第三方认证组织系统的证明，要确认烘焙商是否真的使用这些模式采购咖啡豆是有困难的。有些烘焙商可能会代购咖啡进口商能追溯信息的咖啡豆，却声称是直接交易或共同合作关系咖啡。

对咖啡生产者而言，从来没有人可以保证长期的合作关系，因为有些采购者每年只追寻最佳品质的批次，愿意付出非常可观的价格。这使得品质提升的长期规划投资变得越来越困难，让某些中间商的服务更显珍贵。特别是对需要采购较小量咖啡豆的烘焙商而言，要将咖啡豆运送到世界各地的物流系统需要某种程度的专业技术，这是许多小咖啡烘焙商无法做到的。

选购咖啡时，对消费者来说，咖啡豆是否真正依照某些道德目标采购而来十分难以确认。有些精品咖啡烘焙商已经发展出一套由第三方认证的采购计划，但大多数的烘焙商没有。假如包装上功能有以下这些可追溯信息时，你选购的咖啡豆就相对比较安全，也较可能让生产者得到较高的收入。有标示生产者姓名、合作社或处理厂名称。你能得到的生产者信息多寡会因不同产国而有所差异，且在各个生产环节里或多或少被掩盖了。如果买到一包很喜欢的咖啡豆，你应该向他们询问更多关于这包咖啡豆的信息，大多数的烘焙商会乐意分享，而且通常对他们所做的努力感到非常自豪。

拓展知识

拍卖会咖啡

通过网络拍卖会交易的咖啡豆，正缓慢而稳定地增长。最典型的形式就是在咖啡生产国举办比赛，让咖啡生产者提交他们的最佳批次咖啡进行评比，交由专业咖啡品评裁判给予名次。通常是由本国裁判进行第一轮的海选，之后再由世界各地咖啡采购者组成的国际评审团进行最终的风味鉴定。最佳批次的咖啡豆会在拍卖会中卖出，得奖的批次通常都会以非常高的价格成交。大多数的拍卖会将在网络上公开所有的得标价格，让拍卖程序有最完整的可追溯信息。

拍卖会咖啡这个概念也受到少数已经建立高质量品牌形象的庄园欢迎，只要国际的采购者对他们的咖啡豆产生足够的兴趣，他们也可以自己举行拍卖会。这样的概念源于巴拿马的翡翠庄园，他们的咖啡豆曾经赢得多次竞赛冠军，并创下巨额成交金额的纪录。

很多人在品尝第一口咖啡的时候就爱上了它，并开始研究它，寻找最好的咖啡豆、最正确的制作方法等等。咖啡的世界神秘而广阔，要想充分了解可不是短短时间内就能做到的，首先得要从咖啡专有名词学起。

咖啡爱好者必知的几个咖啡专有名词

精品咖啡（Speciality Coffee）：在美国精品咖啡协会制定的百分制评分标准，取得80分及以上的咖啡豆叫作精品咖啡，以其内在价值为分级和交易依据。精品咖啡以风味出众、瑕疵率低（可能为0）为特征。

商业咖啡（Commodity Coffee）：商业咖啡属于刚刚满足最低品质要求的咖啡，在纽约和伦敦期货市场上，基本以底价出售，从品质角度来看没有内在价值。

有机咖啡（Organic Coffee）：有机咖啡需要满足的条件是种植过程中不使用化学肥料和杀虫剂，有时还有其他附加要求。但在特殊情况下，种植过程中也允许使用特定的化学物质。有机咖啡的认证需要由买卖之外的第三方进行，由于认证所需费用不菲，部分采用有机方法种植咖啡的种植户并不会进行有机认证。一个国家可以拥有不止一家认证机构。

地域风味（Terroir）：产地的自然环境，如气候、土壤和地形等，赋予咖啡的独特风味。

咖啡花（Coffee Flower）：咖啡树属于茜草科，是开花植物。咖啡花是白色的，花香浓烈。

咖啡果（Coffee Cherry）：咖啡树果实的俗名。咖啡树开花后约9个月果实成熟。一颗咖啡果里一般有2颗种子，也就是咖啡豆。成熟的果实可能是红色或黄色的，也有橙色的。想要获得高品质的咖啡，应该在果实成熟度最佳时进行采摘。但成熟时为黄色的咖啡果，采摘时辨别起来比较困难。

叶锈病（Leaf Rust）：咖啡树受到一种名为咖啡锈病菌的真菌感染，叶片上出现金属色斑点，难以进行光合作用，最终导致植物死亡。

咖啡生豆（Green Bean）：咖啡生豆是指未经烘焙的咖啡豆。咖啡豆出口时全部是生豆，每袋重量一般是60千克、69千克或70千克。

批次（Lot）：基于某种标准（比如品质）挑选出来，接受单独处理和烘焙的一批咖啡。

微批次（Micro-lot）：分量较轻的一批咖啡（一般不超过25袋），因为具备独特风味，从大批收成中被分离出来，单独处理并销售。在种植户和买家建立了良好的合作关系后，可以通过对各小批收成进行单独杯测，选出质量好的微批次。

养豆（Resting）：养豆有两种含义。一是脱壳分级之前，先将带壳豆储存一段时间，等豆子里的水分蒸发。二是将烘焙好的豆子"养"一段时间再用于冲泡，这一步也叫排气（de-gassing）。

萃取（Extraction）：冲泡咖啡时发生的反应，咖啡粉中的可溶芳香物质和风味物质溶入水中。

冲泡比例（Brew Ratio）：冲泡咖啡时使用的咖啡粉的重量与用水重量的比例。

咖啡油脂（Crema）：指的是浮在意式浓缩咖啡表面的那层焦糖色的泡沫，由咖啡在压力下萃取的阶段产生。

研磨粗细/颗粒大小（Grind Size/Particle Size）：咖啡粉末的精细程度一定要与使用的冲泡方法契合。

咖啡果小蠹（Coffee Berry Borer）：一种小甲虫，会钻洞进入咖啡果内部，蚕食咖啡豆。

云南咖啡

云南咖啡拥有全国99％的咖啡产量是什么样的体验？云南咖啡，一个融合了自然馈赠与人文情怀的奇妙产物。在云贵高原的怀抱中，咖啡树找到了它们独特的生长乐园。得天独厚的地理条件——适宜的海拔、温暖的气候、肥沃的土壤以及充足的日照，共同孕育出云南咖啡那醇厚丰满、风味独特的口感。从普洱到保山，从临沧到德宏，云南的六大咖啡产区各自以其独特的魅力，诠释着云南咖啡的多样性和卓越品质。这不仅是一段关于咖啡的旅程，更是一段探索云南历史、文化和自然之美的奇妙冒险。让我们一同走进云南咖啡的世界，品味那份来自高原的醇香与热情。

一、云南咖啡的概述

（一）云南咖啡的背景介绍

云南咖啡种植历史悠久，是中国咖啡产业的重要基地。云南咖啡主要种植在普洱、保山、临沧、德宏等地区，这些地区具有得天独厚的自然条件，如高海拔、低纬度、充足的阳光和适宜的降雨量，为咖啡的生长提供了良好的环境。

云南咖啡的品种以阿拉比卡为主，占全国种植面积的95％以上。云南阿拉比卡咖啡豆品质优良，口感丰富，具有独特的果香和花香。近年来，随着技术的进步和品质的提升，云南咖啡逐渐受到国内外市场的认可和欢迎。

云南咖啡产业的发展也得到了政府的大力支持。政府出台了一系列扶持政策，鼓励农民种植咖啡，提高咖啡产量和品质。同时，政府还积极推动咖啡产业的深加工和品牌建设，提升云南咖啡的市场竞争力。

目前，云南咖啡已经出口到多个国家和地区，成为中国咖啡产业的重要代表。未来，随着市场需求的不断扩大和技术的不断进步，云南咖啡有望成为中国咖啡产业的一张亮丽名片。

（二）云南咖啡的现状

云南作为中国最大的咖啡生产基地，其咖啡产业的发展状况直接影响到整个中国咖啡市场的供需平衡和价格稳定。通过对云南咖啡的研究，可以深入了解其种植、生产、加工和销售等各个环节，为制定科学的产业发展政策提供理论依据，从而推动中国咖啡产业的持续健康发展。

云南咖啡以其独特的品质和风味，在国际市场上享有较高的声誉。然而，与一些咖啡生产大国相比，中国在咖啡深加工和品牌营销等方面还存在一定的差距。通过对云南咖啡的研究，可以探索适合中国咖啡产业发展的深加工技术和品牌营销策略，提升中国咖啡的国际竞争力，推

动中国咖啡品牌走向世界。

　　咖啡产业是云南部分地区的重要支柱产业，对于促进当地农民增收、就业和社会稳定具有重要作用。通过对云南咖啡的研究，可以深入了解其产业链的发展状况，为制定科学的产业扶贫政策提供理论依据，从而推动当地经济的可持续发展。

　　咖啡不仅是一种饮品，更是一种文化和生活方式的象征。通过对云南咖啡的研究，可以深入了解其背后的文化内涵和历史背景，推动咖啡文化的传播和交流，促进不同文化之间的理解和融合。

二、云南咖啡的历史与发展

（一）云南咖啡的起源

　　云南咖啡的起源可以追溯到1892年，当时法国传教士将咖啡引入云南省大理州宾川县朱苦拉村，成功种植了咖啡树。1893年，滇缅景颇族边民也从缅甸将咖啡引入德宏州瑞丽市弄贤寨。1904年，法国田德能神父在宾川县平川镇朱苦拉村种下的一棵咖啡树，成为了云南咖啡的始祖。

之后，咖啡在云南的种植经历了起伏。1952年，云南省农业科学院热带亚热带经济作物研究所从德宏州芒市遮放将咖啡引入保山市潞江坝试种。20世纪50—60年代，为了满足苏联及东欧国家的咖啡需求，海南和云南大力发展咖啡产业，潞江坝成为我国第一个小粒种咖啡生产和出口基地。

云南咖啡的种植主要分布在临沧、保山、普洱、德宏等地，这里低纬度、高海拔、昼夜温差大的自然条件，使得云南成为产出阿拉比卡（小粒咖啡）这种高品质咖啡的黄金种植区。云南小粒咖啡以其颗粒小、酸度高、带有明显的花果香气的特点，不仅在国内风靡，还赢得了国际市场的认可。

（二）云南咖啡的发展历程与重要节点

1892年，法国传教士田德能将咖啡种子带入云南大理宾川，成功种植了第一株咖啡树，这标志着云南咖啡历史的开端。

20世纪50年代，云南咖啡迎来了第一次大规模种植。云南德宏州潞西（今芒市）棉作试验站首次引进咖啡进行生产性栽培，咖啡在云南逐步推广。当时，云南咖啡主要是为了偿还苏联贷款，由云南农垦统筹规划种植，产品专供苏联及东欧国家。

然而，随着中苏关系破裂，云南咖啡产业陷入低谷，种植面积大规模萎缩。直到1988年，云南咖啡才迎来了新的发展契机。雀巢公司入驻普洱，成立咖啡农业部，指导云南咖啡的改良与种植，并保证了咖啡的收购。此后，卡夫、麦氏等企业也相继在云南建立工厂，云南咖啡产业逐步恢复并发展壮大。

进入21世纪，云南咖啡产业持续发展，种植面积和产量均占全国的99%以上，成为中国最大的咖啡种植地、贸易集散地和出口地。云南咖啡不仅在国内市场备受青睐，还出口到全球多个国家和地区。

在云南咖啡的发展历程中，有几个重要的节点值得特别关注。首先，是1997年，云南省咖啡种植面积已达7800公顷，确立了在中国国内的主导地位。其次，是2010年，政府和星巴克宣布了一项4.5亿美元的合作投资，旨在进一步扩大特种咖啡的种植面积和总产量，这标志着云南咖啡的国际化进程进一步加速。

近年来，云南咖啡产业正坚定地走在规模化、精品化、体系化的道路上。政府出台了一系列政策推动咖啡精品率和精深加工率提升，努力建成全球重要的精品咖啡产区。同时，云南咖啡企业也在不断探索和创新，提升咖啡品质和附加值，为云南咖啡产业的可持续发展注入了新的活力。

（三）当前云南咖啡产业的规模与分布

当前，云南咖啡产业已发展成为中国咖啡种植规模最大的省份，产量居全国第一。云南咖啡种植已有130多年历史，主要分布在普洱、保山、临沧、德宏、西双版纳、怒江6个州市。截至2023年，全省咖啡种植面积达114.6万亩，其中普洱市最多，达67.9万亩。保山市的咖啡种植面积也达到了12.9万亩。此外，德宏州、临沧市、西双版纳州等地也有大规模的咖啡种植。

在产量方面，云南咖啡豆的产量占据了全国的绝大部分。云南咖啡豆以其独特的品质，如浓而不苦、香而不烈、略带果酸等风味特点，受到国内外市场的欢迎。近年来，随着咖啡消费市场的不断扩大，云南咖啡的产量也在逐年增长。

在产业链方面，云南咖啡产业已构建起从上游种植、中游加工到下游销售的完整体系。上游种植环节，云南凭借得天独厚的自然条件，培育出了高品质的咖啡豆。中游加工环节，企业通过引进先进技术和设备，不断提升咖啡的加工品质与效率。下游销售环节，云南咖啡通过多元化的销售渠道，如连锁咖啡店、电商平台等，将产品送达消费者手中。

未来，云南咖啡产业将继续保持增长态势，并致力于提升咖啡品质、拓展国内外市场、推动产业升级等方面的工作，以进一步巩固云南咖啡在全国乃至全球咖啡市场中的地位。

三、云南咖啡的种植与加工

（一）云南咖啡种植的自然条件

云南咖啡种植的自然条件得天独厚。云南地处亚热带季风区，纬度较高但海拔普遍适中，这样的地理位置使得该地区年均气温保持在适宜咖啡树生长的范围内，特别是临沧等地，年平均气温约为18～20摄氏度，为咖啡树提供了理想的生长温度。

云南的降雨量也非常适合咖啡树的生长，年降雨量普遍达到1250毫米以上，且分布均匀，特别是在咖啡树的花期和幼果发育期，充足的降雨为咖啡的生长提供了必要的水分条件。

光照方面，云南的日照时间充足，但咖啡树并不需要强烈的光照，它们更适合在适当的荫蔽下生长。云南复杂的地形和多样的植被为咖啡树提供了天然的遮阴条件，使得咖啡树能够在适宜的光照强度下健康生长。

此外，云南的土壤条件也非常适合咖啡树的生长。弱酸性的土壤为咖啡树的根系创造了良好的生长环境，土壤肥沃且富含微量元素，这些条件共同为咖啡树提供了充足的营养来源。

海拔也是影响咖啡品质的重要因素之一。云南的咖啡种植区大多位于海拔较高的地区，随着海拔的升高，咖啡的香气会变得更加突出和独特。这种独特的地理环境使得云南咖啡在香气和口感上具有显著的优势。

（二）主要咖啡品种与种植技术

云南咖啡主要的品种为小粒种咖啡，其中栽培较为广泛的品种包括波旁、铁皮卡和卡帝莫。波旁源自铁皮卡，香气美好，味道丰富，产量和生长力较高，适合种植在海拔1200～2000米的地区，但抗病虫能力较弱，对强风和强降水敏感。铁皮卡是最经典的优质阿拉比卡种，味道表现极佳，但产量极低且易受锈蚀病侵蚀，需要更多人力管理。卡帝莫则是Timor种（属于罗布斯塔种）和Caturra（波旁种的变种）的杂交种，有25％的罗布斯塔血统，品质上可能香气不够丰富，整体味道易苦味重，易出现涩味和霉味。

种植技术方面，首先需选择光照充足、排水性好的沙质土壤进行种植，最好靠近水源，土层深厚。有灌溉条件的咖啡园可在2月中旬至3月份定植，无灌溉条件的咖啡园宜在6月份雨季来临前定植。种植前需进行催芽处理，将种子放入温水中浸泡一天，然后冲洗干净，用湿布包裹放置3～4天，待大部分种子出芽后进行播种。播种时一般采用条播，行距为60厘米左右，覆盖一层薄土。播种后需保持土壤湿度，促进种子出苗。

在田间管理上，需进行中耕除草，保持土壤通透性。咖啡树抗旱能力较强，一般只需在有一定湿度的情况下进行浇水，定植浇水后需等到花期再浇水，果实接近成熟时要停止浇水。施肥方面，除去基肥外，一般只需进行一次追

肥，当幼苗长到30～40厘米时，适量施加磷肥和氨肥，以防止咖啡树倒伏。

此外，还需注意病虫害防治，咖啡豆病害以灰斑病为多见，可用代森锌液或退菌特液除治。虫害多发生在春末夏初，以蚜虫为主，可用乐果乳剂溶液喷治。咖啡果实的采收需选择鲜果红至紫红色的成熟果实，避免采摘绿色或未成熟的果实，以保证咖啡的整体品质。

（三）咖啡加工与品质控制

云南的咖啡加工与品质控制是一个复杂而精细的过程，旨在确保每一颗咖啡豆都能达到最佳的口感和风味。

在咖啡加工方面，云南主要采用湿法、干法、半干法三种初加工方法，分别对应水洗、日晒、蜜处理三种传统的咖啡鲜果加工精制方法。水洗法通过去除果皮和果肉，保留纯净的咖啡豆，使咖啡味道更加清新。日晒法则让咖啡豆在阳光下自然晾晒，保留原始风味，创造独特的口感。蜜处理法则是一种特殊的处理方法，通过发酵和烘干，为咖啡豆增添独特的风味。

在品质控制方面，云南咖啡产业采取了一系列措施。首先，从种植环境、土壤类型、气候条件、收获季节以及加工流程等多个方面进行考量，确保咖啡豆的品质。云南省地处亚热带地区，拥有适宜咖啡树生长的地理位置和丰富多样的土壤类型，为高品质咖啡豆的生产提供了有利条件。同时，云南咖啡产业还注重提高咖啡精品率，加快种植端品种改良，优化田间管理和鲜果采摘，推广标准化高端化种植，进一步提高精深加工水平和产能。

此外，云南咖啡企业还采用严格的检验方法，包括物理检查、化学分析以及生物学测试，确保咖啡豆的质量。一些企业甚至使用国际精品咖啡协会SCA的筛选标准，要求收购咖啡豆的缺陷率远低于行业惯例，大大降低了坏豆、怪味等问题出现的可能性。

为了进一步提升产品质量，云南咖啡产业还积极与高校和研究机构合作，开展咖啡苗圃示范园建设、咖啡鲜果无污染加工推广、咖啡智能化精深加工技术推广等方面的研究与应用。这些努力不仅提高了咖啡豆的品质和口感，也为云南咖啡产业的持续发展和满足消费者期望增添了动能。

四、云南咖啡的品质与风味特点

（一）云南咖啡的品质评价

云南咖啡的品质评价普遍较高。云南南部大部分地区属于亚热带气候，正好处在世界公认的最适合种植咖啡的咖啡种植带上，非常适宜咖啡生长。这里多属于山区，种植地坡度大、昼夜温差大、日晒与雨量充足，为咖啡生长提供了得天独厚的条件。

云南全境种植的都是高品质的阿拉比卡种咖啡，而没有种植高产但味道差劲的罗布斯塔种咖啡，是少数几个100％种植阿拉比卡种咖啡的国家。云南咖啡采用的加工方式普遍为水洗式加工，处理出来的豆子色泽均匀，瑕疵豆少，具有较高品质。云南咖啡种植海拔高，生长慢，成熟度高，适合意式咖啡的深焙作业，也是高品质的表现。

云南咖啡的味道独具一格，主要体现在其丰富的果味和花香。无论是深焙还是浅焙，云南咖啡都能展现出其独特的风味。深焙后的云南精品豆散发浓郁巧克力般醇香，是意式咖啡综合配方的最佳豆之一；浅焙后的精品豆则有明亮的柠檬果酸口感。

云南咖啡还有多个知名产区，如普洱、保山、临沧、德宏、西双版纳和大理等，这些产区各自具有独特的地理和气候条件，使得云南咖啡的风味更加多样化。例如，普洱咖啡种植面积广，品质优，是中国咖啡的半壁江山；保山咖啡成名早，是中国小粒咖啡种植和加工的先驱；临沧咖啡是后起之秀，如今已成为云南第二大咖啡主产区；德宏咖啡种植历史悠久，被誉为"中国咖啡之乡"；西双版纳的咖啡则靠近热带雨林，具有独特的雨林风味；大理的朱苦拉咖啡是中国最纯正、最古老的波旁铁皮卡品种，被称为中国咖啡的"活化石"。

（二）风味特征分析

地域性风味：云南咖啡的地域性风味特征明显，由于云南独特的地理环境和气候条件，这里的咖啡豆往往带有明显的地域标识。例如，普洱地区的咖啡可能带有茶香，而德宏地区的咖啡可能带有果香。

酸度：云南咖啡通常具有较高的酸度，这种酸度通常表现为明亮的果酸，如柑橘酸、苹果酸等。这种酸度为咖啡增添了清爽和活泼的口感。

甜度：云南咖啡的甜度通常较高，尤其是当咖啡豆成熟度高时。甜度的来源可能是咖啡豆中的糖分含量较高，这使得咖啡在口感上更加圆润和饱满。

口感：云南咖啡的口感通常较为丰富，具有一定的厚度和醇度。这可能与云南的土壤条件、气候以及咖啡豆的品种有关。

香气：云南咖啡的香气通常较为复杂，可能包含花香、果香、坚果香、巧克力香等多种香气。这些香气的组合使得云南咖啡具有独特的风味层次。

后味：云南咖啡的后味通常较为干净，没有强烈的苦涩感。相反，它们往往带有令人愉悦的果香或巧克力香，使得整体口感更加和谐。

品种影响：云南种植的咖啡品种多样，包括阿拉比卡和罗布斯塔等。不同品种的咖啡豆具有不同的风味特征，例如，阿拉比卡咖啡通常具有较高的酸度和甜度，而罗布斯塔咖啡则具有较强的苦味和醇厚度。

处理方法：云南咖啡的处理方法也会影响其风味特征。常见的处理方法有水洗法、日晒法和蜜处理法等。不同的处理方法会赋予咖啡豆不同的口感和香气。

云南咖啡的风味特征丰富多样，具有较高的酸度、甜度和复杂的香气。这些特征使得云南咖啡在全球咖啡市场中具有独特的地位和吸引力。

（三）与世界其他咖啡产区的比较

云南咖啡与世界其他咖啡产区在种植历史、地理环境、风味特点以及种植管理方式等方面都存在差异。这些差异使得云南咖啡在咖啡市场中独树一帜，同时也为咖啡爱好者提供了更多元化的选择。主要体现在以下几个方面：

1.种植历史与地理环境

云南咖啡的种植历史可以追溯到19世纪末的法国殖民时期，而后经过雀巢和星巴克等公司在云南开设咖啡种植基地，云南咖啡的品质不断提升。云南位于北纬22～24度，被誉为"咖啡的黄金种植带"，其气候和土壤条件非常适合咖啡生长，光照充足、雨水适中，为咖啡树提供了完美的生长环境。

相比之下，世界其他咖啡产区的种植历史更为悠久，技术也更加成熟。例如，巴西作为世界第一大咖啡生产国，拥有将近40亿棵咖啡树，产量占全球的三分之一；哥伦比亚则以其优质的豆种和严格的筛选过程，成为世界知名的咖啡出口国；埃塞俄比亚的花果山咖啡豆更是以其独特的果香和醇厚的口感赢得了许多咖啡迷的喜爱。

2.风味特点

云南咖啡的风味特点主要表现为坚果、烤糖、巧克力和柠檬等调性，整体风味平衡且丰富。尤其是经过水洗处理的云南咖啡豆，其味道通常表现为焦糖、坚果和巧克力的混合，这种风味在保山、孟连、

思茅和江城等地种植的咖啡豆中尤为明显。此外，云南咖啡还带有柑橘的清新感，使得口感上更加丰富多样。

世界其他咖啡产区的风味则更加复杂多样。例如，巴西的咖啡豆醇厚度高、酸度低，适合喜欢柔和口感的人；埃塞俄比亚的咖啡则以其浓郁的花香和水果调性而闻名，口感独特；哥伦比亚的咖啡豆则以其均衡的口感和丰富的果香著称，酸味适中、苦味均衡。

3.种植管理方式

云南咖啡在种植管理方式上已经开始向科学种植靠拢。许多云南咖啡农开始采用无农药计划，通过人工除草等方式减少除草剂的使用，保护土壤结构，提高咖啡的品质。虽然这种方式会增加成本，但产出的咖啡豆风味更加自然、清新。

而世界其他咖啡产区的种植方式则更加多样化。例如，巴西和哥伦比亚等地采用现代化的种植技术，使用大量的化肥和农药，确保高产和高效。这种种植方式虽然提高了产量，但对环境的影响也不小。相比之下，埃塞俄比亚等地仍采用传统的种植方式，注重豆种的多样性和生态平衡。

五、云南咖啡的市场与贸易

云南是我国咖啡种植、加工和出口的主要省份，年产量超过10万吨，且近10年来保持稳定。其种植面积和产量均占全国总量的绝大部分，是我国重要的咖啡产区。云南咖啡全产业链产值也在稳步增长，这得益于云南省委、省政府对咖啡产业的高度重视，将其作为高原特色现代农业的重点产业加快发展。

在出口方面，云南咖啡销往全球40多个国家和地区，出口量和货值均为全国第一。例如，2024年前三季度，云南咖啡的出口量达到了3万吨，同比增长371%，出口金额达10.2亿元，同比增长315.7%。其中，普洱市和保山市是云南咖啡的主要出口产区。普洱咖啡以其良好的口碑受到海内外市场的欢迎，出口量持续增长。保山市的咖啡出口量也实现成倍增长，部分咖啡生产商的订单已排到次年。

云南咖啡在国际市场上的竞争力不断提升，部分精品咖啡受到国际买家的青睐。这得益于云南咖啡产业链的不断完善，以及咖啡品质的持续提升。云南咖啡精深加工率从不到20％提高至56％，预计到2024年将达到80％。精深加工后，咖啡生豆价格涨了10～20倍。2024年，云南咖啡生豆价格首次超过国际咖啡期货价，掌握了自主定价权，成为全球市场上的宠儿。

在国内市场方面，云南咖啡也展现出巨大的潜力。随着国内咖啡消费量的持续增长，云南咖啡的内销占比已几乎与出口持平。到2023年，超过90％的云南咖啡已经在国内被消耗掉。这得益于国内新品牌、茶饮连锁、个体创业者们大量涌入咖啡行业，既刺激了本土咖啡需求的激增，也推动咖啡文化向全国各级城市渗透。

此外，云南咖啡还在不断推动产业链的融合发展。例如，大理州制定了《大理州建设咖啡之城三年行动计划（2023—2025年）》，旨在发挥大理资源优势，加快推进咖啡之城建设，促进大理咖啡产业全产业链发展。该计划包括厚植咖啡文化内涵、丰富咖啡消费业态、建设咖啡仓储物流园、建设特色加工产业园等多个方面，旨在打造完整的咖啡产业链，提升云南咖啡的品牌影响力和市场竞争力。

云南咖啡的市场与贸易情况呈现出积极的态势，具有广阔的发展前景。未来，随着国内外市场的不断扩大和产业链的不断完善，云南咖啡将有望成为全球咖啡市场上的重要力量。

（一）国内市场现状与趋势

云南咖啡在国内市场的现状与趋势表现出强劲的增长势头和广阔的发展前景。云南已成为中国乃至全球重要的咖啡产区，其咖啡种植面积和产量均占全国总量的绝大部分。2023年，云南省的咖啡种植面积约为8万公顷，生豆产量高达14.6万吨，占据全球总产量的1.08％，并且90％以上的云南咖啡留在国内市场消费，这一比例相比往年有所提升。云南咖啡以其独特的品质和口感，逐渐赢得了国内消费者的青睐，特别是在京东等电商平台上的销量迅猛增长，远超普通咖啡的增速。

在消费趋势方面，中国咖啡消费市场正在经历从速溶咖啡主导到多元化消费场景的演变。现磨咖啡和零售咖啡成为主要消费分类，其中现磨咖啡市场规模持续扩大，预计将成为消费主流。云南咖啡凭借其独特的风味和高品质，在现磨咖啡市场中占据了一席之地。此外，云南咖啡还成功转型为国人心中认可度最高的咖啡产地品牌，其知名度和美誉度不断提升。

在品牌与连锁化方面，国际品牌如雀巢、星巴克等凭借其品牌知名度和产品质量占据市场优势，而本土品牌如瑞幸咖啡、三顿半等也通过创新和个性化消费需求的满足快速崛起。云南咖啡作为本土品牌的重要代表，其品牌影响力和市场份额也在不断提升。

未来，随着公众饮食观念的改变和咖啡文化的普及，中国咖啡市场将继续保持高速增长态势。云南咖啡作为国内咖啡最主要的产区之一，将有望从产业链中分享到更多的利益价值。同时，云南咖啡也将更加注重品质提升、品牌化建设和产业链整合等方面的发展和创新。在数字化转型和智能化生产的推动下，云南咖啡行业将实现更高效、更智能的生产和管理，为消费者提供更加便捷和个性化的咖啡体验。

（二）国际市场拓展与挑战

云南咖啡在国际市场的拓展与挑战主要体现在以下几个方面：

1.市场拓展

近年来，云南咖啡在国际市场上的知名度和影响力显著提升。据统计，云南咖啡及其制品已销往全球40多个国家和地区，出口量和出口金额均实现了大幅增长。这一成绩的取得，离不开云南咖啡产区的努力以及国际市场对高品质咖啡需求的增加。

云南咖啡在国际市场上的成功，还得益于其独特的品质和风味。云南咖啡以其醇厚的口感和丰富的香气赢得了众多消费者的喜爱。同时，云南咖啡产区还注重提升咖啡的精品化水平，通过引进新品种、改良种植技术、加强加工和品

控等方式，不断提高咖啡的品质和竞争力。

此外，云南咖啡还得到了国内外知名咖啡品牌的青睐。许多国际咖啡巨头如雀巢、星巴克等都在云南设立了采购基地，大量采购云南咖啡豆。这些品牌的加入，不仅提升了云南咖啡的知名度和影响力，还为其在国际市场上的拓展提供了有力支持。

2.面临的挑战

首先，产地标准体系的混乱是影响云南咖啡国际竞争力的一个重要因素。由于产地标准不统一，导致买卖双方沟通不畅，影响了交易的顺利进行。此外，市场好转后产地出现的涨价现象也对云南咖啡的国际竞争力造成了一定影响。部分咖农因担心市场波动而盲目提价，导致咖啡价格不稳定，影响了消费者的购买意愿。

其次，国际市场竞争激烈也是云南咖啡面临的一大挑战。随着全球咖啡市场的不断发展，越来越多的国家和地区开始重视咖啡产业的发展，纷纷加大投入和支持力度。这使得云南咖啡在国际市场上面临着来自世界各地的竞争压力。

为了应对这些挑战，云南咖啡产区需要继续加强品质提升和品牌建设力度。同时，还需要加强与国际咖啡行业的交流与合作，学习借鉴国际先进经验和技术，推动云南咖啡产业的持续健康发展。此外，还需要

加强市场监管和调控力度，确保咖啡价格的稳定和合理波动，为云南咖啡在国际市场上的拓展提供有力保障。

3.品牌建设与营销策略

云南咖啡品牌建设经历了从土特产品到地理识别标志，再到区域公用品牌的阶段。目前，云南咖啡已形成了较为完整的产业链，并成为云南高原特色农业的支柱之一。然而，品牌化困境依然是云南咖啡产业升级中无法忽视的问题。对此，云南咖啡可通过强化品牌来增强市场竞争力，具体从区域公用品牌打造、企业品牌塑造和产品品牌规范三方面入手，构建品牌矩阵。

在区域公用品牌打造方面，云南咖啡需从源头抓起，全面提升咖啡种子率、咖啡豆精品率、精深加工率。比如，在种植端开展良种选育、新品种推广，形成一批优良种子。同时，全面推进种植管理、加工技术标准化，提升咖啡豆质量。此外，区域公用品牌往往具有两大内涵：一是拥有极具本土特色的产品，二是产品拥有颇具地方特色的关联文化。云南咖啡恰好二者兼具，可依托天然资源优势，进一步深入挖掘民族文化和产业文化价值，结合地区实际，从绿色、有机、地理标志认证等方面，发掘区域公用品牌潜力。

在企业品牌塑造方面，云南咖啡应强化对咖啡加工企业的扶持，打造一批知名龙头企业，培育一批知名企业品牌。例如，云南依托"十大名品"等活动，评选出爱伲、比顿、新寨、佐园、高晟、天宇、荣康达、粒述、益嘉园、来珠克10个"精品咖啡庄园"及其同名品牌。

在产品品牌规范方面，应秉持建设与管理同步的理念，引导企业和地方推进产品品牌打造，避免出现先打造、后规范等情况。还可采取抓产品、强渠道、树品牌同步推进的办法，构建企业品牌体系，积极参与品牌认证，并开发衍生系列产品，加速产品迭代，擦亮云南咖啡品牌形象。

在营销策略上，云南咖啡可采取多样化的策略。例如，通过线上线下相结合的推广方式，提升品牌知名度和影响力。线上可利用新媒体、电商平台、微信小程序等进行宣传，线下则可通过实体店铺、展会活动、品牌合作等方式进行推广。同时，云南咖啡还可与咖啡店、餐饮机构、酒店等知名品牌和机构开展合作，打造更多的场景营销和联名活动。

此外，云南咖啡还可通过打造个性化品牌形象，强调云南本土特色咖啡，提供高品质的咖啡产品，与云南的自然风光融合，并强调绿色环保、可持续经营的理念。在目标市场策略上，云南咖啡可针对城市白领和旅游人群，提供高品质的咖啡和舒适的工作环境，或与旅游景点、酒店合作，以独特的云南咖啡体验吸引游客。

总之，云南咖啡在品牌建设与营销策略方面，需注重品牌矩阵的构建，从区域公用品牌、企业品牌和产品品牌三方面入手，同时采取多样化的营销策略，提升品牌知名度和影响力，以实现可持续发展。

六、云南咖啡产业面临的挑战与机遇

（一）生产与加工中的问题

云南咖啡产业在生产与加工方面面临的主要问题包括产品结构单一、精深加工能力不足以及种植模式较为分散。目前，云南咖啡产业仍以出口原材料为主，优质咖啡豆和精品咖啡豆占比较低，且精深加工水平不高，导致产业整体处于初级状态。此外，分散的小农户占比较高，机械化水平较低，导致咖啡豆整体质量不稳定，损伤率较高。这些问题限制了云南咖啡产业的附加值和市场竞争力。例如，由于缺乏先进的加工技术，许多咖啡豆在采摘和处理过程中无法达到国际精品咖啡的标准，这直接影响了云南咖啡在国际市场上的售价和认可度。同时，由于缺乏统一的种植和加工标准，咖啡豆的品质参差不齐，难以形成品牌效应。

（二）市场竞争与品牌影响力

在市场竞争方面，云南咖啡面临国内外双重竞争压力。一方面，国际咖啡市场格局复杂多变，云南咖啡在全球市场上的影响力有限；另一方面，国内咖啡市场竞争日益激烈，众多咖啡品牌和加工企业争夺市场份额。在品牌影响力方面，云南咖啡品牌众多，但缺乏具有全国乃至全球影响力的知名品牌，导致云南咖啡在市场中的辨识度和竞争力不足。同时，云南咖啡在出口市场上的定价权较弱，被动接受国际期货市场价格，进一步压缩了利润空间。例如，云南咖啡在国际市场上往往只能以较低的价格出售，而国际品牌则能通过品牌效应和营销策略获得更高的溢价。这种现象在一定程度上反映了云南咖啡在品牌建设和市场推广方面的不足。

（三）政策支持与可持续发展

为了推动云南咖啡产业的高质量发展，云南省政府及相关部门出台了一系列政策措施。这些政策旨在提升咖啡精品率和精深加工率，加强品牌建设，拓展消费市场，以及促进咖啡产业的可持续发展。在政策支持下，云南咖啡产业将迎来新的发展机遇。一方面，通过推广良种良法、提升鲜果集中加工水平、发展精深加工等措施，可以优化产业结构，提高咖啡豆质量和附加值；另一方面，通过加强品牌建设和市场拓展，可以提升云南咖啡的知名度和影响力，增强市场竞争力。此外，政策支持还将推动咖啡产业的绿色发展，实现经济效益、社会效益和生态效益的协调发展。例如，政府支持的咖啡种植园项目不仅注重产量和质量的提升，还强调生态保护和农民收入的增加，从而确保咖啡产业的长期可持续发展。

从生豆到一杯咖啡的旅程

　　咖啡长在咖啡树上，似乎谁都认得咖啡长什么样。咖啡从生豆到一杯咖啡的时空之旅，每个过程都来之不易，在我们品尝一杯各个环节都完美得无懈可击的咖啡时，才能够深深体会到它经历的独特而精致的旅程，一切的一切才能在舌尖碰触咖啡这一刻达到高潮。

🫘 烘焙咖啡

　　将生咖啡豆烘焙，使咖啡豆呈现出独特的咖啡色、香味与口感。烘焙最重要的是能将咖啡豆子的内、外侧都均匀地炒透而不过焦。咖啡的味道80％取决于烘焙，是冲煮好喝咖啡最重要也是最基本的条件。

　　关于品质相对较低的咖啡豆的商用烘焙已有非常多的研究，其中大多数是关于烘焙流程的效率以及如何制造速溶咖啡的方法。由于这些低质量咖啡较缺乏有趣的风味，关于如何发展出咖啡的甜味或是保留来自特定风土条件或特定品种的独特风味等方面的研究就很少。

　　总的来说，全世界的精品咖啡烘焙商都靠自我训练，其中许多人通过不断地试错而学习到精品咖啡交易的精髓。不同的咖啡烘焙商有各自的风格、美学理念或烘焙哲学，他们十分清楚如何把控自己想要的咖啡质量，但是他们不见得了解烘焙的全貌，因此要烘焙出不同风格的咖啡可能有困难。这并不代表既美味又妥善烘焙的咖啡熟豆难以寻求。在世界上任何一个国家几乎都可以找到这样的咖啡，未来必定能烘焙出更棒的咖啡豆，因为当前仍有许多值得探索与发展的烘焙技巧。

一、关于咖啡烘焙

　　生咖啡豆本身是没有任何咖啡的香味的，只有在炒熟了之后，才能够闻到浓郁的咖啡香味。所以咖啡豆的烘焙是咖啡豆内部成分的转化过程，只有经过烘焙之后产生了能够释放出咖啡香味的成分，我们才能闻到咖啡的香味。

　　简而言之，咖啡烘焙其实是指咖啡豆最后的颜色烘到多深（浅焙或深焙）、花了多久时间。轻描淡写地说某种咖啡是浅焙是不够的，因为这种咖啡可能是快炒也可能是慢炒，不同的烘焙速度会有截然不同的风味表现，而咖啡豆的颜色看起来却十分相近。

　　咖啡烘焙时，会发生一连串不同的化学反应，其中许多反应会让重量减少，当然也造成水分的流失。慢炒（14～20分钟完成烘焙）会有较高的失重（16%～18%），快炒最快可以在90秒内完成，对一杯相对昂贵的咖啡而言，采用慢炒的方式会有更好的风味发展。

　　烘焙过程中，有三个决定咖啡最后风味的要素必须控制得当：酸味、甜味和苦味。一般而言，总烘焙时间越久，最后留下的酸味就越少，相反地，苦味则随着烘焙时间越长而越强，越深烘焙的咖啡会越苦。

　　甜味的发展是呈现钟形曲线状，介于酸味与苦味高峰的中间，好的咖啡烘焙商知道如何让咖啡豆达到每个烘焙度里最高的甜蜜点。但是不论是使用让酸甜程度皆强的烘焙方法，或是另一种让甜度极高酸度却相对较弱的烘焙方法，如果你是使用质量差的咖啡豆，调整烘焙手法可能也无济于事。

二、不同的烘焙阶段

　　烘焙时有许多关键阶段，一份咖啡豆用多快的速度经历各个阶段，即是一般所称的烘焙模式。许多烘焙者会仔细写下各次烘焙数据，让每一次烘焙能够以极小的温度与时间误差值得以重现。

（一）第一阶段：去除水分

　　咖啡生豆含水量为7%～11%，均匀分布于整颗咖啡豆的紧密结构中，水分较多时咖啡豆不会变成褐色。这就与制作料理时让食物褐化的道理一样。

将咖啡生豆倒入烘豆机之后，需要一些时间让咖啡豆吸收足够的热量以蒸发多余的水分，因此这个阶段需要大量的热能。开始的几分钟之内，咖啡豆的外观以及气味没有什么显著的变化。

（二）第二阶段：转黄

多余的水分被带出咖啡豆后，褐化反应的第一阶段就开始了。这个阶段的咖啡豆结构仍然非常紧实且带着类似印度香米及烤面包的香气。很快地，咖啡豆开始膨胀，表层的银皮开始脱落，被烘豆机的抽风装置排到银皮收集桶中，桶内的银皮会清除到别处、避免造成火灾。

前两个阶段非常重要，假如咖啡生豆的水分没有恰当地去除，往后的烘焙阶段就无法达到均匀的烘焙。即使咖啡豆的外表看起来没事，内部可能没熟透，冲煮后的风味十分令人不悦，会有咖啡豆表面的苦味，以及豆芯未发展完全的尖锐酸味及青草味。过了这个阶段之后，即使放慢烘焙的速度也难以挽救，因为同一颗豆子不同部分的发展速率会不同。

（三）第三阶段：第一爆

当褐化反应开始加速，咖啡豆内开始产生大量的气体（大部分是二氧化碳）及水蒸气。当内部的压力增加太多时，咖啡豆开始爆裂，发出清脆的声响，同时膨胀了将近2倍。从这个时候，我们熟知的咖啡风味开始发展，烘豆师可以自行选择何时结束烘焙。

烘豆师会发现，如何给予相同的火力，温度上升的速度会减慢，如果热能过低，可能导致烘焙温度停滞，造成咖啡风味呆钝。

（四）第四阶段：风味发展阶段

第一爆结束之后，咖啡豆表面会看起来较为平滑，但仍有少许皱褶。这个阶段决定了最终咖啡上色的深度以及烘焙的实际深度，烘豆师须拿捏最后熟豆产品要呈现的酸味与苦味，烘得越久，苦味就越高。

（五）第五阶段：第二爆

到这个阶段，咖啡豆再次出现爆裂声，不过声音较细微且更密集。咖啡豆一旦烘到第二爆，内部的油脂更容易被带到豆表，大部分的酸味会消退并产生另一种新的风味，通常被称为"烘焙味"。这种风味不会因为豆子种类不同而有差异，因为其成因是来自碳化或焦化的作用，而非内部固有的风味成分。

咖啡烘焙着色对比图

将咖啡豆烘得比第二爆阶段更深的程度是很危险的，有时可能导致火灾，特别是在使用大型商用烘豆机时更是需要注意。

咖啡烘焙领域中有"法式烘焙"及"意式烘焙"等烘焙深度，指的就是烘焙到非常深的咖啡豆，有典型的高浓郁度、高度苦味，但大多数豆子本身的个性会消失。即便许多人喜欢重度烘焙的咖啡风味，但如果你想认识来自不同产地的高质量咖啡的风味以及个性，建议选择中度烘焙的豆子。

三、咖啡烘焙时的化学反应

（一）咖啡的糖分

许多人在描述咖啡风味时会提到甜味，理解在烘焙时到底发生了哪些事才会产生这些天然的糖分是十分重要的。

咖啡生豆内含有一定程度的单糖成分，虽然并非所有的糖类都有甜味，但这些单糖通常都带甜味，在咖啡烘焙温度催化下很容易起反应。一旦咖啡豆内的水分蒸发掉大部分之后，糖类就会遇热开始产生许多不同的反应，有些会起焦糖化作用，造成某些咖啡豆出现焦糖似的调性。要特别提到的是，这些焦糖化作用后的糖类甜度会降低，最终转变为苦味的来源之一。另外有些糖类会与咖啡豆内的蛋白质作用，进行所谓的美拉德反应，这种反应涵盖了包括肉类在烤箱内转变成褐色的现象以及烘焙可可或咖啡豆时的变色现象。

当咖啡完全通过第一爆的阶段时，单糖几乎完全不存在了，它们可能都参与了各种不同的化学反应，最后转变成更多不同的咖啡芳香化合物。

（二）咖啡的酸成分

咖啡豆内有许多种类的酸味，有些尝起来讨喜，有些则不美味。对烘豆师而言最重要的一种酸是绿原酸。烘焙咖啡时，关键目标之一就是完全去除不美味的酸，同时避免制造出更多负面的风味因子，保留更多讨喜的芳香成分。另外，有些酸在烘焙完成之后仍然保持稳定的状态，例如奎宁酸，会增添讨喜、干净的咖啡风味质感。

（三）咖啡的芳香化合物

大多数咖啡内的香气来自咖啡烘焙时的三大反应群之一：美拉德反应、焦糖化反应以及斯特雷克降解反应。这些反应群都在咖啡烘焙时受热而催化，以后产生超过800种不同的易挥发芳香化合物，这就是咖啡风味的来源。

虽然关于咖啡的芳香化合物种类的记录上比起葡萄酒多出许多，但是一种咖啡豆仅会同时拥有部分芳香化合物。这让许多想以人工方式合成近似新鲜烘焙真实咖啡香气的尝试者，最后只能以失败收场。

四、烘焙和程度

烘焙大致分为浅烘焙（Light）、中烘焙（Medium）和深烘焙（Deep）。浅烘焙的咖啡豆：会有很浓的气味，很脆，很高的酸度是主要的风味和轻微的醇度。中烘焙的咖啡豆：有很浓的醇度，同时还保存着一定的酸度。深度烘焙的咖啡豆：颜色为深褐色，表面泛油，对于大多数咖啡豆醇度明显增加，酸度降低。19世纪出现了城市烘焙（City）这个名词，其烘焙程度介于中度烘焙和深度烘焙之间的，城市烘焙的咖啡豆：表面带有较深的褐色，酸度被轻微的焦苦所代替，风味大部分已经被破坏。

咖啡烘焙程度

其实咖啡烘焙是一种食物的加工方式。专业咖啡的烘焙是烘焙师个人的表现方式。刚开始接触专业咖啡的最大困扰是烘焙程度的名字。例如City、French、Fullcity、Espresso等都是因为所用的烘焙机和出产地区的不同，而产生不同烘焙程度的颜色。此外，有些烘焙程度是以综合咖啡而命名：例如Espresso就是一种综合咖啡特定的烘焙程度给制造

Espresso用的，即使颜色看起来一样，也可能会有完全不同的风味。所以选择豆的种类，烘焙温度及烘焙方式，烘焙时间的长短都是决定最后风味的主要因素。

世界各国的各都市，都有其偏好的烘焙倾向。东京，微深的中度烘焙较受欢迎，但慢慢地也倾向于深度烘焙。而西方，从来即以深度烘焙较受欢迎。纽约，正如其名，一般较偏好城市烘焙，但由于城里居住着各种不同的人种，故也贩卖着各种不同烘焙程度的咖啡豆，变化也相当丰富。维也纳则偏好深度烘焙的咖啡。甚至更如其名，法国人则较喜爱法国式的烘焙方式，这是一种深度烘焙的方式；意大利人则经常使用意大利式的烘焙法，这种方法为重深度烘焙。将埃塞俄比亚咖啡豆进行深度烘焙将是一种浪费，因为那将失去这种咖啡的独有特色。将尧科（Yauco）特选和科纳（Kona）咖啡豆进行黑色烘烤也是不好的，因为那样做你就会失去购买它时所追求的古典风味。有些咖啡豆进行黑色烘烤时，将会衍生出新的和有趣的品质。墨西哥咖啡豆在黑色烘烤时，会产生一种有趣的甜味。危地马拉安提瓜咖啡豆在深度烘烤时，会保留它们的酸味和水果味，这对其他咖啡来说则比较困难。苏门答腊咖啡豆通常颗粒饱满，但却低于中等酸度，在烘烤较深时，就会失去酸性，并且容易变为糖糊状。

总的来说，烘烤得越黑，品质越低。较深的烘烤意味着将会损失咖啡豆的大部分风味。

五、冷却咖啡豆

烘焙完成之后，必须快速将咖啡豆冷却，以免过度烘焙或是让咖啡豆发展出负面的风味，如烘焙味。在小批量的烘豆机中，会使用冷却盘进行抽风降温。大批量的烘豆机则无法单凭空气冷却咖啡豆，必须搭配雾化的水汽，水汽遇热蒸发后就能快速地带走热能。操作得宜时不会导致负面的风味。但如果操作不慎，咖啡豆老化的速度会略微加快。不幸的是，许多公司操作这种冷却方式时都加了过多水雾，因为他们想借由增加熟豆的重量以增加收入，这不但不道德，也对咖啡的质量产生非常不好的影响。

六、烘豆机的种类

在即将售卖前，咖啡豆才会被烘焙，因为生豆的状态比熟豆稳定，而烘焙后熟豆的最佳尝味期是1个月。烘豆方法有很多，最常使用的咖啡烘豆机则有两种：鼓式/滚筒式烘豆机，以及热风式/浮风床式烘豆机。

（一）鼓式/滚筒式烘豆机

此为大约在20世纪初发明的烘豆机形式，非常受追求极致工艺的烘豆师的欢迎，因为这种烘豆机可以缓慢地烘焙咖啡豆。原理主要是将一个金属制滚筒放置在火源上加热，同时咖啡豆在滚筒内不停翻转，目的是取得均匀的烘焙效果。

这种烘豆机可以通过控制燃气流量改变施热的火力强弱，也可以控制滚筒内部空气流动量，借此支配传导到咖啡豆上的热能效率。

鼓式/滚筒式烘豆机有许多不同尺寸，最大的机型一次可以烘焙500千克（约1100磅）的咖啡豆。

（二）浮风床式烘豆机

20世纪70年代由迈克尔·施维兹发明。浮风床式烘豆机靠着许多喷射式热气流翻搅并加热咖啡豆，比起鼓式/滚筒式烘豆机，浮风床式烘豆机的总烘焙时间相对短许多，因此烘焙的咖啡豆会膨胀得大一点点。较大的气流量有助于热力更快地传导至咖啡豆内部，因此可以较快速完成烘焙。

（三）切线式烘豆机

由Prabat公司制造。切线式烘豆机与鼓式/滚筒式烘豆机非常类似，差别只在这种烘豆机内部具备铲子般的搅拌叶片，咖啡豆在加热期间能均匀混合，这让较大量的烘焙批次变得更有效率。这种烘豆机最大烘豆量也跟鼓式/滚筒式烘豆机差不多，却能做到更快速地烘焙。

（四）球式离心力烘豆机

此种结构的烘豆机能在难以置信的短时间内烘焙大量的咖啡豆。将咖啡豆置于球形锅内一个巨大的圆锥体容器里，在加热的同时，借由不停地滚动球形锅，咖啡豆也会持续翻滚变换位置，最快可以在90秒完成一个批次的烘焙。

烘焙速度越快，失水率小，能被萃取的咖啡豆重量也就增加了，这对制造速溶咖啡的从业者来说十分重要。但以这种快速完成的烘焙，通常不是为了烘焙出最棒的咖啡。

拓展知识

单品咖啡与混合咖啡

单品咖啡就是用原产地出产的单一咖啡豆磨制而成的咖啡，饮用时一般不加奶或者糖的纯正咖啡，有强烈的风味特征，口感或清新柔和，或香醇顺滑，但成本较高，价格较贵。比如著名的蓝山咖啡、巴西咖啡、哥伦比亚咖啡……都是以咖啡豆的出产地命名的单品。

摩卡咖啡和炭烧咖啡虽然也是单品，但是它们的命名就比较特别。

摩卡是也门的一个港口，在这个港口出产的咖啡都叫摩卡，但这些咖啡可能来自不同的产地，因此来源地不同的摩卡咖啡豆的味道也不相同。

炭烧咖啡是一种日本划分的单品咖啡，指一种口感，几乎无酸，强烈的焦苦和甘醇，口味比较强烈。正宗的炭烧咖啡一般用炭火深度烘焙（烘焙分煤气、炭火和红外），色泽较黑，味道又香又醇，品起来不觉得酸，如果加炼奶又有一番风味。

所谓混合咖啡，又称调配咖啡或拼配咖啡，并不是单纯地将几种咖啡豆混合在一起，而是要利用几种不同的咖啡豆的特有风味，这是调配过程中最重要的细节。除了每种单品咖啡本身具有的独特风味外，也可以依据烘焙程度的差异，烘出不同的口味。同样一种品质的咖啡豆，其浅烘的味道较酸，而深烘则产生苦味且味道浓厚，因此在作调配时，就必须选择咖啡豆的种类来调和。如此的调配也要视成分和烘焙程度。一般的咖啡调配，除了主要的咖啡豆之外，通常只用调和2~3种具有特性的咖啡豆即可。最普遍的调配法是3种，但至少要2种，最多可达6种，调得过多，反而造成原味的不平衡。

白咖啡是马来西亚的土特产，有100多年的历史。白咖啡并不是指咖啡的颜色是白色的，而是采用特等Liberica、Arabica和Robusta咖啡豆及特级的脱脂奶精原料，经中轻度低温烘焙及特殊工艺加工后大量去除咖啡碱，去除高温炭烤所产生的焦苦与酸涩味，将咖啡的苦酸味、咖啡因含量降到最低，不加入任何添加剂来加强味道，甘醇芳香不伤肠胃，保留咖啡原有的色泽和香味，口感爽滑，颜色比普通咖啡更清淡柔和，淡淡的奶金黄色，味道纯正，故得名为白咖啡。

❤️ 采购与保存咖啡豆

　　没有任何万全的措施能够确保你每次选购一包咖啡豆时，一定可以得到很棒的咖啡质量。但有几个重点得牢记：何时烘焙出炉？去哪家店买？如何保存买回家的豆子？这样就能提高每次用到好咖啡豆的概率。

　　大多数人会在超市之类的地方选购咖啡豆，但我建议你尽量避免。除了对超市售卖的咖啡豆新鲜度有疑虑之外，尚有许多其他理由，其中最重要的理由大概就是超市里找不到那种专卖店中独有的纯粹喜悦。在一家小小的咖啡店里，你可能有机会遇见对咖啡有高度热忱并且拥有丰富咖啡知识的人士，在选择你要的咖啡豆之前，能得到一些专业建议对你是很有帮助的，有时在你掏腰包购买之前，还能先试喝。有专业人士提供服务，买到一包你真正喜欢的咖啡豆的概率会更高，特别是你能告知他们你喜欢哪一种咖啡豆时。

一、分辨咖啡豆

　　好的咖啡豆形状完整、个头丰硕，色泽光亮，颜色均匀无色斑。在选用时，选大小一致的咖啡豆，避免变形豆，即使有少量掺入也要去除。其次，要注意咖啡豆的包装是否完好，如果包装袋有空气透入，那么极易因接触到空气而使豆子吸入湿气，影响咖啡豆的品质。

　　咖啡豆的好坏可用看、闻、压来判断。好的咖啡豆形状整齐，色泽光亮，冲煮后香醇，后劲足。不好的咖啡豆形状不一，且个体残缺不完整，冲煮后淡香，不够甘醇。

（一）看

发酵豆：采收前掉落土中的咖啡豆，发酵的异味会对咖啡的美味造成莫大的影响。

死豆：又称未成熟豆，或受气候等因素影响发育不健全，烘焙后产生煎斑，使咖啡有股青涩味。

黑豆：发酵豆，已腐败发黑的咖啡豆。因为黑色，一眼即可与正常的咖啡豆区分出来。

蛀虫豆：受虫侵蚀的咖啡豆。

残缺豆：可能是作业时卡到，或是搬运中处理不慎，造成咖啡豆的残缺。会造成烘焙时有煎斑，且会产生苦味及涩味。

其他：残留薄皮的豆，发育不良的豆，干燥不完全产生酸味的豆，只有外壳的贝壳豆。

（二）闻

新鲜的咖啡豆闻之有浓香，反之则无味或气味不佳。放入口中轻咬，是否清脆、口感良好。除原有的香味外，也要注意可能沾染上其他异味（如发酵、发霉、药味、土腥味等）。美味咖啡的酸味像柑橘类水果般的清爽，没有强烈的酸味。苦味是柔和的苦味，而非像烟味或焦味般的苦味。

（三）压

新鲜的咖啡豆压之鲜脆，裂开时有香味飘出。充分地烘烤抽出水分后的咖啡才可冲泡出美味的咖啡，这种咖啡豆在研磨时即可判断得知。质量优良的咖啡豆在研磨时会轻轻地发出沙沙的声音，将手轻轻地摇，咖啡的原始香味即四溢。劣质的咖啡豆则会有咯吱咯吱的声音，研磨时有种卡住的感觉。

二、购买和储存咖啡豆

影响咖啡豆的因素有温度、湿度、光线等。这些因素将会对咖啡浓郁度、新鲜度、老化程度造成影响，在采购和储存咖啡豆时都应重视。

（一）浓郁度指标

在选购咖啡豆时，常可见包装袋侧面有浓郁度指标，这与浓度——你冲泡一杯咖啡得用多少咖啡豆无关，主要是指你可以在这包咖啡豆中尝到多厚重的苦味。这个浓郁度指标通常与烘焙深度有直接关联，浅烘焙的咖啡通常浓郁度指标较低，深烘焙的则较高。我们会尽量避免选择袋子上有浓郁度指标的咖啡豆，因为它们通常是由较不注重质量与风味表现的烘豆商制造的，即使仍有例外。

（二）来源可追溯/产地履历

世界上有成千上万的咖啡烘焙商，也有难以计数的咖啡豆庄园以及烘焙方式，每一包咖啡都有不同的定价，厂商各自的营销方式也容易造成混淆。我们的目标是要阐释咖啡从何而来，同时带领读者了解产地与咖啡风味之间如何以及为何有关联，我能给的最佳解答就是：尽量可能地选择来源资料清楚的咖啡豆。

大多数情况下，你可以找到咖啡豆是哪个庄园或哪个合作社制作的，但这样详尽的产地履历并非每个咖啡生产国都能提供。在不同生产国里，咖啡豆交易的每个环节有不同程度的来源可追溯性。在拉丁美洲，绝大多数都能提供到细如庄园名称一般详尽的产地履历资料，因为这些咖啡豆都是在小规模的私有土地

咖啡产地履历

上种植的。在其他地区，即使是小规模的私有土地都很不常见，有时也会因为某些国家贸易规则限制的干扰，造成咖啡豆在出口时就已经失去若干的履历信息。

要让一个批次的咖啡豆在整个咖啡供应链中保持完整的产地履历数据，会增加咖啡豆的成本，而只有当咖啡豆以较高价格成交时这样的投入才能得到回报。这意味着只有针对高质量的咖啡才值得投资产地履历系统，而这样增加的成本会削弱低质量的咖啡在市场上的竞争力。在一个到处都有着道德考虑，又充斥着剥削第三世界国家刻板印象的产业中，能够明确知道一批咖啡到底从何而来就是非常有力的信息。拜信息科技发展所赐，尤其是社群媒体的兴起，我们现在能够有更多关于咖啡生产者与终端消费者之间密切且频繁的互动。

（三）新鲜度

在过去，大多数人并不将咖啡豆当作生鲜食品保存，有些人是因为他们脑子里的咖啡种类就是只有速溶咖啡，因此不曾意识到老化的问题。超市售卖的咖啡豆包装袋上标示的有效期限通常是烘焙日期后12～24个月内。因此咖啡豆被认为是耐储存的食物产品，即使是在生产日期后的2年内饮用都算安全，但是如果真的存放那么久，咖啡就会尝起来十分恐怖。此外对售卖者而言，不将咖啡豆当作生鲜食品看待，可以让他们的工作更轻松，但这对消费者却不是好消息。

关于咖啡豆到底多久会老化，精品咖啡产业并没有提供正

储藏咖啡的密封罐

确的观念，也没有让大家知道咖啡豆多久会超过保存期限。

　　我们建议购买咖啡时，请确定包装袋上有清楚烘焙日期。许多咖啡烘焙商建议消费者购买烘焙日期起1个月内的咖啡豆，我也这么建议。咖啡在烘焙后的前几周有着最鲜活的个性，之后令人十分不悦的老化味道便开始发展。许多咖啡专卖店都会存放一些刚烘焙好的咖啡豆，想确保咖啡豆送到你家时还是新鲜的状态，你也可以尝试直接向咖啡烘焙商网络订购。

　　咖啡豆存放在与空气隔绝的容器里，置于干燥阴凉的环境下，可以保存最久。

（四）老化的作用

　　咖啡豆老化时会发生两种现象：首先会缓慢、不断地流失芳香化合物。芳香化合物是咖啡的香气与风味的来源，具备高度挥发性。因此咖啡豆放得越久，化合物流失得越多，咖啡尝起来就越没有趣味。第二种现象是氧化及受潮的老化现象，这类现象会发展出通常是不太好的新味道。一旦咖啡尝起来有明显老化的味道时，原有的风味很可能都已经消失。老化的咖啡通常尝起来很平淡，带有木头及纸板的味道。

　　咖啡豆烘焙越深，老化速度就越快，因为烘焙时咖啡豆会产生很多小孔，让氧分子以及湿气容易渗透进咖啡豆，同时启动了老化作用。

（五）让咖啡"静置"

　　在包装袋上，常可看见制造者建议在正式冲煮之前要让咖啡豆"静置"一段时间，但这又造成了更多的混淆。

　　咖啡豆完成烘焙后转变成褐色的一

透气的咖啡袋

连串化学反应，会制造出大量二氧化碳，大多数气体仍然留存于咖啡豆内部，并随着时间缓慢地释放。烘焙后的最初几天排气作用会非常旺盛，之后再趋缓。在咖啡粉上倒入热水会让气体快速释放，这也是为什么煮咖啡时我们可以见到许多小泡泡。

意式咖啡使用高压萃取的方式冲煮咖啡，当咖啡豆里仍然有许多二氧化碳时，会让冲煮程序产生困难，因为二氧化碳会阻隔风味成分的萃取。许多咖啡馆会在使用咖啡豆之前让咖啡排气5~20天不等，有助于萃取时的稳定性。

在家冲煮时，我们建议可以在包装袋上故意留下一个洞，放3~4天，但如果放太久，在你用完这包咖啡之前也许老化作用就已经开始。滤泡式冲煮法比较不需要让咖啡豆休眠，但是我认为在烘焙后的第二到第三天再冲煮，咖啡尝起来会比刚烘焙完时美味许多。

（六）包装咖啡豆

咖啡烘焙商主要有三种包装咖啡豆的选择，考虑因素：除了保存咖啡的能力，对环境的影响、包装的美观性都是重点。

1.未密封精致包装袋

咖啡豆仅装进内层有防油脂渗透的精致纸袋中，虽然袋口可以卷起来，但是咖啡豆仍然暴露在氧化的环境下，老化速度还是很快。许多使用这种包装袋的咖啡烘焙商都宣称咖啡豆新鲜的重要性，通常会建议自己的产品在7~10天内饮用完毕。零售咖啡豆产品时，他们必须时常确定货架上的商品都是最新鲜的，但有时难以避免浪费。这类包装袋有些可以回收，对环境的影响最小。

2.密封铝箔包装袋

三层式铝箔包装袋在咖啡豆装入之后立即密封，防止空气进入，同时有个单向透气阀让内部的二氧化碳可以排除。在这样的包装袋内咖啡较不会老化，然而一旦打开，老化的速度也会加快。目前这种包装袋尚无法回收，却是许多精品咖啡业者的首选，因为同时兼顾低成本、低环境影响以及新鲜度的保持。

3.充气式密封铝箔包装袋

与前者同样是铝箔材质，不同的是密封过程中会用机器灌进氮气之类的气体，借以排出袋内所有氧气。因为氧气是造成老化的原因，这种包装方式能够达到防止老化的最佳效果，虽然开袋之后老化程序一样会启动。

这是保存咖啡豆最有效的办法，但由于会增加额外的成本支出，如设备、处理时间以及惰性气体等都会造成支出，所以较少人采用。

拓展知识

新鲜咖啡的黄金法则

所有人都认同新鲜烘焙的咖啡比较好，以下是我们的建议：

- 选购包装袋上有标示烘焙日期的咖啡豆。
- 试着只买烘焙2周内的咖啡豆。
- 一次只买2周内能喝完的量。
- 只买未研磨的原豆回家自己磨。

在家存放咖啡豆

一旦咖啡豆开始老化就很难停止，只要购买的是新鲜的咖啡豆，并且相对较快的速度用完，对杯中风味的冲击就比较小。以下有几种方法可以让你尽可能在家做到最妥善的保存咖啡。

☆与空气隔绝

假如包装袋可以重复封口，请确定每次使用后都重新封紧。假如没办法完全密封，请改装到空气隔绝的容器中，像密封罐或特别设计用来存放咖啡的容器中。

☆存放在阴凉处

光线会加速老化，特别是太阳光，如果你将咖啡存放在透明容器内，就要将整个容器放到不透光的硬纸盒内。

未开封的咖啡适合保存于阴凉、通风良好的环境，温度适合在18~22摄氏度，相对湿度在60%，尽可能不要置于太干燥的环境。

☆不要放进冰箱

这是一般人常做的举动，却不能延长咖啡豆的寿命，而且有可能让咖啡豆沾染冰箱内其他食物的气味。咖啡豆不管是否开封，其保存环境都不能五味杂陈，尤其不适宜保存于冰箱。这是因为烘焙咖啡的天敌是水，冷冻或冷藏的咖啡豆突然置于外界的环境下，由于冷凝作用，立即在咖啡豆表面形成一层凝结的水汽，而这层水汽会使咖啡黏度增加，会堵塞研磨的机器，对研磨机器造成损毁。

☆保持干燥

如果无法让咖啡豆保存在与空气隔绝的容器内，至少也要放在不潮湿的环境。咖啡一旦受潮很容易变质，甚至发霉，这将大大缩短咖啡的保质期，而且对身体健康不利，会直接影响到咖啡出品的口味。

咖啡豆开封之后，只要正确地将包装封存好，三五天之内使用完，均可被接受。但这也要有良好的保存环境。

已经研磨好的咖啡粉最好立即使用，以保持咖啡良好的风味特征。这是因为研磨成粉的咖啡吸附能力更强了，暴露在空气中的咖啡粉更容易吸附空气中的湿气、尘埃、怪味，制作时咖啡也会出现怪味，影响口感。

🫘 研磨咖啡

磨豆机对于咖啡制作者来说，就犹如小提琴家手中的那把小提琴。

新鲜研磨的咖啡粉气味令人精神抖擞、既陶醉又难以形容，有时单单为了闻咖啡粉的气味就值得买一台磨豆机。相对于购买预先研磨好的咖啡粉，亲手研磨咖啡豆可是会为你喝的咖啡带来巨大的改变。

一、研磨咖啡的目的

研磨咖啡的目的是要让咖啡豆在冲煮之前产生足够的表面积以便萃取出封存于咖啡豆内的成分，进而煮出一杯好咖啡。拿未研磨的原豆冲煮，得到的会是一杯非常稀薄的咖啡水，咖啡豆磨得越细，理论上就会有更大的表面积，可以用更快的速度煮出咖啡的味道，因为水有更多的机会带出咖啡的风味因子。

这个原则很重要，尤其当你要为不同的冲煮方式决定咖啡要磨多细时。事实上，咖啡粉的粗细与冲煮时间长短相对应，研磨颗粒的一致性因此十分重要。最后，研磨会让咖啡暴露在空气中的表面积增加，意味着咖啡的老化作用会加快。因此，最理想的研磨时机就是冲煮前一刻。

二、磨豆机的分类

按动力方式分类可分手动和电动两种类型。

按工作方式分为螺旋桨式刀片磨豆机和磨盘式磨豆机。

（一）螺旋桨式刀片磨豆机

这种电动研磨机十分常见，价格也不贵，机器构造是在电动马达上连接一组金属刀片，借由旋转力量击碎咖啡豆。这种研磨机的最大问题就是击碎咖啡豆的过程中同时会产生极细的粉末与极粗的颗粒，用这样的咖啡粉冲泡时，最粗的颗粒会贡献令人不悦的臭酸味，极细的粉末则会快速增加咖啡的苦味，如此不均匀萃取咖啡，实在难以下咽。

（二）磨盘式磨豆机

这种形式的磨豆机越来越常见，按磨盘结构可分为平刀、锥刀、鬼齿三大类。磨盘式磨豆机有两个面对面的切割盘，借由调整切割盘的间距可以达到调整研磨粒度的目的。在咖啡切割成符合此间距大小时，咖啡粉才能通过研磨室。这种磨豆机研磨的咖啡粉颗粒均匀度较佳，同时因为粗细可以调整，对煮好一杯好咖啡相当有帮助。

磨盘式磨豆机比螺旋桨刀片式磨豆机贵一些，不过手动版则相对便宜，也很容易操作。如果你很喜欢咖啡，这项投资会是无法以价格衡量的，特别是要做一杯意式浓缩咖啡时。因为冲煮意式浓缩咖啡时颗粒大小十分重要，即使是数百分之一毫米的粗细差异，也都会造成影响。选购一台特别为意式浓缩咖啡设计的专用磨豆机是很重要的，它的强力马达足以磨出冲煮意式浓缩咖啡所需的极细颗粒。有些磨豆机可以同时研磨滤泡式咖啡粉以及意式浓缩咖啡粉，不过大部分机器就只能应付其中的一种。

不同的机器制造商会使用不同的材质制造切割盘（又称磨盘），如钢或陶瓷。使用一段时间后磨盘上的刻痕会变钝，此时磨豆机不是以切割的方式磨豆子，而是像在压碾，这会制造出许多极细粉末，让咖啡品尝起来乏味又苦涩。请遵循机器制造商的建议，在指定的时间更换磨盘，全新的磨盘是一项很小却很值得的投资。

许多咖啡爱好者常常想升级设备，我们强烈建议优先升级磨豆机，较高价格的磨豆机通常有较佳的马达及磨盘，能够制造出一致性更棒的研磨颗粒。使用一台高端的磨豆机搭配一台小型家用意式浓缩咖啡机，你可以煮出一杯更好的咖啡。使用廉价的磨豆机，即使搭配市面上顶级的商用意式浓缩咖啡机也煮不出好的咖啡。

三、研磨密度与研磨粒度的重要性

很不幸地，磨豆机并不能够将咖啡豆都研磨成一模一样的大小，深度烘焙的咖啡豆质地比较脆，因此必须将刻度调粗一些。同样的，要研磨较高海拔产地的咖啡豆，举例来说，当你从平常习惯饮用的巴西咖啡豆换转到肯尼亚咖啡豆时，可能就需要把研磨刻度调细。只要照这个方式调整过几次，每当换成不同的咖啡豆时，你就能轻松猜出该怎样调整刻度，同时避免煮坏咖啡。

土耳其式用粉： 在不堵塞研磨机的前提下，机器能产出最细的咖啡粉。

细浓缩咖啡用粉： 非常细的咖啡粉，有结块的可能。

浓缩咖啡用粉： 细咖啡粉，有结块的可能，经常黏在浓缩咖啡的过滤手柄上。

细过滤式用粉： 介于浓缩咖啡用粉和过滤式用粉之间。

过滤式用粉： 咖啡粉有调味用特级绵糖的质感，与浓缩咖啡用的细粉大不相同。

粗过滤式用粉： 精度与砂糖相仿。

粗粉： 适用于浸泡式冲煮法，和海盐碎屑差不多粗。

极粗粉： 和岩盐粒大小相似，仅限于长时间的浸泡式冲煮法。

咖啡块： 大块的咖啡残片，常规的冲煮方法均不适用。

四、咖啡研磨机的使用和维护常识

咖啡味道的好坏，不仅取决于咖啡豆的好坏，也在于咖啡磨豆机的好坏。一台理想的磨豆机要求研磨过程产热要少，研磨颗粒要均匀，几乎不产生静电吸粉；因为如果产热过多，会造成咖啡香气的快速流失，研磨不均匀会造成萃取不足或者过度，产生静电则会对咖啡的影响较大。所以，一台好的磨豆机对于咖啡的味道是很重要的！不管是用什么样的磨豆机，都要掌握以下几点要领：

1.颗粒大小要均匀

如果不均匀，冲泡出来的咖啡味道也会不协调。研磨颗粒越细，咖啡成分就萃

咖啡研磨机

取的越多，颗粒越粗，萃取的成分就越少。为了不破坏咖啡本来的香气，研磨时应谨慎小心，务必使颗粒均匀。

2.避免摩擦产热

高速研磨咖啡豆，会因摩擦产生热量，此热量会使咖啡粉变质，或使咖啡的香味成分散失。

3.去除微细粉末

研磨咖啡豆时，会产生一些微细粉末，如混在里面，冲泡时会释放出单宁等苦味物质。微细粉末附着在磨豆机上，反复使用后咖啡味道会变差。微细粉末在使用电动磨豆机时产生较多，有些电动磨豆机带自动去除微细粉末的功能，通常可用手动方法去除。因微细粉末比正常的咖啡颗粒轻，只要将研磨好的颗粒粉边摇晃边吹气，即可去除。

除掌握研磨要领，对咖啡的味道有影响之外，对磨豆机的保养也是非常重要的；研磨完成以后，应立即清扫磨豆机，定期使用清洁药片清洁磨豆机。

（一）手动磨豆机的使用和维护常识

（1）在使用手摇磨豆机前，需要先根据我们使用的咖啡壶的不同从而调节到合适的粗细度。先拧开最上面的螺丝。

（2）依次取下各个螺母。

（3）最下面的螺母为调节粗细度。往上拧颗粒越大，越粗，往下拧，颗粒越细。

（4）调节到我们需要的合适的粗细度后，按照顺序依次装上螺母，注意把卡扣装进螺母凹进去的地方卡好。

（5）依次装上螺母，拧紧。

（6）调节好合适的粗细度后，加入新鲜烘焙的咖啡豆，注意一次不要加入太多，一般一次加1~2杯的量即可。

手摇磨豆机

（7）左手扶住磨豆机中间部位以稳定磨豆机，右手顺时针方向转动磨豆机把手开始研磨。右手转动把手的时候要匀速转动。

（8）一般研磨一杯咖啡粉的时间为2~3分钟，研磨完后，拉开小抽屉，倒出咖啡粉就可以煮咖啡了。

▲注意事项：

①手动磨豆机尤其易产生热量，要注意缓慢研磨；

②研磨完成以后，应立即清扫磨豆机。

（二）鬼齿磨豆机

常用鬼齿磨豆机研磨单品咖啡，推荐用于手冲式、虹吸壶咖啡制作。

FujiRoyalR-220富士鬼齿磨豆机，俗称小富士。关键词："鬼齿""研磨均匀""研磨速度快""电机运行噪声小""做工不错""许多咖啡馆和爱好者都在用""专业入门首选"。

一般鬼齿磨豆机行货电压为220伏，水货为110伏且需要配备变压器。图中黄色为国产小富士，黑色为原产小富士。一般会将国产小富士简称为"小钢炮"，二者的接近度95%，出粉的状态和在风味上的表现十分接近，区别主要是：

（1）小钢炮没有装饰贴纸。

（2）小钢炮豆仓和盖子为一色，小富士豆仓和盖子颜色不同。

鬼齿磨豆机

（3）小钢炮刻度旋钮上是十字螺丝，小富士的刻度旋钮则是盖状的一字螺丝。

（4）金属的刻度调节齿轮，从外观来看小钢炮更精致，但这个部分平时不会打开，没有实际影响。

（5）小富士的刀盘为生铁铸造，洛氏硬度（HRC）25。洛氏硬度是由洛克威尔在1921年提出，使用洛氏硬度计所测定的金属材料的硬度值，硬度越高，抗磨损能力越强。

（6）小钢炮标配了带有筛粉功能的不锈钢接粉器，这个配件比小富士的塑料接粉盒要实用不少。筛粉会让咖啡的出品风格更加干净，但也会进一步影响风味的完整性，有些精品咖啡制作者对筛粉会比较排斥。

▲注意事项：

①换豆，或是换冲煮方式后，都要调整研磨粒度；

②每一次使用前都要倒入少量的咖啡豆研磨，以冲洗之前残留在研磨机中的咖啡粉，磨出的粉一般做丢弃处理，以保证正式研磨时获得尽可能新鲜和粗细均匀的咖啡粉；

③使用时先开机，再倒入咖啡豆；

④受潮的咖啡豆硬度会增大，研磨时对磨盘的磨损较大，应尽量避免使用；

⑤研磨完成后，可以让磨豆机空转几秒钟，确保将倒入的咖啡豆完

全研磨完，避免咖啡豆残留在磨盘内。因为残留的咖啡豆容易受潮，再一次研磨时会损坏研磨机；

⑥研磨完成以后，应立即清扫磨豆机；

⑦定期用研磨机清洁药片清洁磨豆机；

⑧研磨时，当机器发出的非正常的声响，应立即关闭开关，断开电源，检查和维修研磨机。

（三）意式磨豆机的维护常识

意式磨豆机的机械 –1   意式磨豆机的结构 –2

1.意式磨豆机的维护和保养

（1）电器和开关。

▲检查导线（移开底盘）是否溶化、出现裸线或褪色；

▲确保组合件的引线连接很牢固和不褪色；

▲检试总电源开关（开/关）；

▲插头保险是否熔断。

（2）粉仓。

▲检查在粉仓里没有过多的咖啡油沉积物；

▲检查粉仓的出粉拉杆和定位螺丝；

▲检查粉仓返回弹簧的状况；

▲检查拨粉拉杆是否正常回位；

▲检查粉仓盘的螺丝，更换磨损的螺丝。

（3）机体。

▲检查豆仓和豆仓轴环是否有破损；

▲检查研磨仓至主机体的紧固程度；

▲将柱脚和过滤器支架上的螺丝拧紧。

（4）磨盘。

▲使用专业清洗药片清洗磨盘并倒空研磨仓；

▲更换损坏的或丢失的磨盘分离弹簧；

▲确保调节环螺纹完整无损和不粘咖啡粉。

（5）校准。

▲检查/调整咖啡粉的重量（拉4下=称上的28克，表明分量器范围约7克）；

▲检查/调整研磨（1盎司的浓缩咖啡的制作时间为20～30分钟）。

（6）清洁磨豆机。

▲清空豆仓中的咖啡豆和残留的咖啡粉；

▲将一瓶盖的咖啡磨豆机专用清洁药片倒入豆仓中，打开电源开关，执行磨豆动作；

▲倒入准备要使用的咖啡豆，将磨豆机中的清洁粉残留清理干净；

▲清洁豆仓和粉仓即可使用。

2.判断磨豆机磨出的粉是粗还是细

能在20～30秒之内流出20～30毫升的液体，便表明咖啡粉粗细正合适，否则时间短出品多为粉粗，时间长出品多为粉细。

拓展知识

咖啡研磨与冲煮的基本常识

研磨咖啡最理想的时间，是在要蒸煮之前才研磨。因为磨成粉的咖啡容易氧化散失香味，尤其在没有妥善适当的贮存之下，咖啡粉还容易变味，自然无法冲煮出香醇的咖啡。有些人怕麻烦或是不想添置磨豆机，平时在家喝咖啡就买已磨好的现成咖啡粉，这时要特别注意贮存的问题，咖啡粉开封后最好不要随意在室温下放置，比较妥当的方式是摆在密封的罐里。因为咖啡粉很容易吸味，一个不小心就成了怪味咖啡，那么再好质量的咖啡也都糟蹋了。蒸煮过的咖啡粉渣晒干或微波干燥后放在冰箱可以当除臭剂，不失为一个物尽其用的好方法。

研磨豆子的时候，粉末的粗细要视蒸煮的方式而定。一般而言，蒸煮的时间越短，研磨的粉末就要越细；蒸煮的时间越长，研磨的粉末就要越粗。

以实际蒸煮的方式来说，机器制作意式浓缩咖啡所需的时间很短，因此磨粉最细，咖啡粉细得像面粉一般；用虹吸方式蒸煮咖啡，大约需要1分钟，咖啡粉属中等粗的粗细研磨；美式咖啡机及手冲滤泡的粗细度一般为砂糖粗细度即可。适当的咖啡粉研磨度，对想做一杯好咖啡是十分重要的，因为咖啡粉中水溶性物质的萃取有它理想的时间，如果粉末很细，又蒸煮长久，造成过度萃取，则咖啡可能非常浓苦而失去芳香；反之，若是粉末很粗而且又蒸煮太快，导致萃取不足，那么咖啡就会淡而无味，因为来不及把粉末中水溶性的物质溶解出来。

不管什么样的咖啡和选择什么样的冲煮方式，为得到一杯风味特征鲜明，口感纯正的咖啡，反复尝试不同的研磨粒度，有利于获得较好的口感体验，也不失为一种精益求精的追求。

🫘　了解冲煮基础知识

从作物转变为一杯咖啡的旅程中，最关键的时刻就是冲煮过程，之前的所有努力、咖啡豆内的所有潜力以及美味因子，都可能因为错误的冲煮方式而毁于一旦。遗憾的是，要煮坏一杯咖啡真的很简单，但只要了解冲煮的基本常识，你就可以得到更好的结果，也更能乐在其中。

一、冲煮用水

在冲煮过程中，要煮出一杯好的咖啡，水分扮演至关重要的角色。

如果你住在水质偏硬的地区，可以试着购买小瓶瓶装水煮单杯咖啡，接着以相同的方式用自来水冲煮另一杯咖啡。不管是经验丰富的咖啡品尝家还是初学者，只要比较过两者，就会对咖啡质量的差异感到惊讶。

（一）水的角色

一杯咖啡中，水是重要的成分，在意式浓缩咖啡中水占了大约90％，在滤泡式咖啡中则占了98.5％。假如用来冲煮咖啡的水一开始就不美味，咖啡也绝对不可能好喝。假如你能在水里尝出氯的味道，煮出来的咖啡味道也会很恐怖。多数情况下，你只要使用含有活性炭的滤水器，就可以有效去除负面的味道，但可能还没办法得到冲煮咖啡最完美的水质。

在冲煮过程中，水扮演着溶剂的角色，负责萃取咖啡内的风味成分，因为水的硬度以及矿物质含量会影响咖啡的萃取，所以水质相当重要。

（二）硬度

水的硬度是水中含有多少水垢（碳酸钙）的数值，成因来自当地的岩床结构，将水加热会让水垢从水中透析而出，长时间下来，粉笔般的白色物质就开始堆积。住在硬水质地区的人时常有这样的困扰，像是热水壶、莲蓬头还有洗碗机，都会堆积水垢。

水的硬度对热水与咖啡粉之间的交互作用有极大影响，硬水会改变咖啡内可溶性物质的比例，进而改变咖啡汁液的化学成分的比例。理想的水中含有少量的硬度，但如果含量过高甚至极高，就不适合泡咖啡。高硬度的水泡出的咖啡缺乏层次感、甜味及复杂性。

此外就实用的角度而言，使用任何一种需要加热水的咖啡机，像是滤泡式咖啡机或意式浓缩咖啡机，软水是很重要的一项条件。机器内堆积的水垢很快会造成机器故障，因此许多制造商会考虑不向硬水地区提供保修服务。

（三）矿物质含量

水除了好喝只能有少量硬度，我们其实不希望水里有其他太多的东西——除了相对含量很低的矿物质。矿泉水制造商会在瓶子上列出不同的矿物质成分含量，通常也会告诉你水中总固体含量，或是在180摄氏度时干燥残留物的数值。

（四）水要如何选择

选择时你可能面对令人眼花缭乱的数据信息，但是可以归纳如下：

假如你居住的地区水质中度偏软，只需要加上滤水器就可以改善水的味道。

假如你居住的地区水质偏硬，目前最佳的解决方式是购买瓶装饮用水煮咖啡，依照前述标准选购瓶装水，超市的自有品牌瓶装水通常比大品牌的矿物质含量低。为了能煮出风味最佳的咖啡，我们必须找到最适合冲煮的水质。

现在我们的选择更多了，有纯水、净水、磁化水、蒸馏水等。

二、冲煮的基础知识

从作物转变为一杯咖啡的旅程中，最关键的时刻就是冲煮过程。之前的所有努力、咖啡豆内的所有潜力以及美味因子，都可能因为错误的冲煮方式而毁于一旦。遗憾的是，要煮坏一杯咖啡真的很简单，但只要了解冲煮的基本原则，你就能得到更好的结果，也更能乐在其中。

咖啡豆的主要成分是纤维素，跟木头很像。纤维素不溶于水，就是我们冲泡完咖啡之后会丢弃的咖啡渣。广义来说，除了纤维素以外的咖啡内容物几乎都可以溶于水，最终都进入你手中的那杯咖啡，但是并非所有可溶出物质都是美味的。20世纪60年代起，为了测量我们到底应该萃取多少比例的内容物才能得到一杯咖啡，许多人持续做了相关研究。假如萃取出的物质不够，咖啡不但味道稀薄，而且常带有臭酸与涩感，我们称之为萃取不足。反之，萃取出的物质过多，尝起来会带苦、尖锐，并且有灰烬的味道，我们称之为过度萃取。

要计算出想从咖啡粉萃取出多少内容物是有可能的，过去人们用一个相对简单的公式：冲煮前先称咖啡粉的重量，冲煮后将咖啡渣放到炉火旁烘到完全干燥再称一次，两者的重量差就代表咖啡萃取出的成分比例。现在有人发明结合特殊的折射器与智能型手机软件，可以很快计算出咖啡粉内成分萃取的比例。总的来说，一杯好的咖啡是由咖啡粉内大约18%～22%的成分所贡献，实际的数值对大多数在家煮咖啡的人来说其实不那么重要，但是了解如何调整不同的冲煮参数，对改善咖啡质量很有帮助。

（一）浓郁度

在谈到一杯咖啡时，"浓郁度"一词非常重要，同时也最常被误用。市场上贩卖的咖啡包装袋上可以见到这个词汇，其实这样使用不太恰当，这些厂商想传达的是这包咖啡的烘焙度、泡出的咖啡苦味有多强。

"浓郁度"在描述咖啡风味时，理应像描述酒精类饮品时一般。一瓶标示4%浓郁度的啤酒，指的就是酒精含量4%，相同的概念来看，一杯浓郁的咖啡应该指的是含有较高比例的可溶性物质。

到底咖啡要多浓郁才叫好，这方面见仁见智，没有对错。有两种方式可以控制咖啡的浓郁度，第一个方式，也是最常用的一种便是改变粉水比，使用越多的咖啡粉冲煮就会得到越高浓郁度。在咖啡冲煮的领域里，我们习惯以每升水使用若干克的咖啡粉来描述咖啡的浓郁度。

不同的地方有不一样的咖啡粉水比例偏好，从大约40克/升到100克/升都有。通常只要找到一个自己喜爱的粉水比例，人们就会套用在其他的冲煮方式上。我建议你可以从60克/升的粉水比例开始尝试。在家冲煮咖啡的人想改变咖啡口味的浓淡时，通常会直接改变粉水比例，但这并不是最好的方式。

另一种改变口味浓淡的方法是改变萃取率。把咖啡粉浸泡在法式滤压壶里时，热水会将咖啡粉中的成分慢慢带出来，随着浸泡时间变长，咖啡就变得更浓郁。这个方式最大的挑战是如何煮出更多咖啡粉内的好味道，并且在苦味及令人不悦的风味萃取出之前收手。当咖啡泡得不好喝时，许多人从来没有想过可以靠改变萃取率来改善，然而萃取一旦有失误，必然会导致一杯令人失望的咖啡出现。

（二）精确的测量标准

在咖啡冲煮领域，常会因为一个小小的改变而在口味上造成很大的冲击，其中一项最大变因是使用了多少水，最重要的要素之一则是如何稳定地冲煮出好味道。将咖啡冲煮器放在秤上测量是个好主意，如此可以清楚知道倒入了多少热水，要记得1毫升的水重等于1克。这个方式可以让你在冲煮时有更好的控制性，并大大改善冲煮的质量以及稳定性。一台简单的数字电子秤并不贵，许多人厨房里原来就会有一台电子秤。刚开始可能会觉得这方式似乎有点儿太狂热，但一旦开始使用，就再也离不开它。

（三）奶制品和糖的选择

许多对咖啡有兴趣的人都注意到，咖啡产业工作者视牛奶和砂糖为一种禁忌。许多人认为这是势利眼的行为，而不加奶和糖常常是咖啡从业人员与消费者之间争论的话题。

咖啡从业人员时常忘记一件事情，大部分的咖啡其实都需要搭配某些东西才更容易入口。不当烘焙或煮坏掉的廉价咖啡，尝起来有令人难以想象的苦味并且毫无甜味可言。牛奶或鲜奶油具有阻隔苦味的功能，砂糖则令咖啡更容易入口。许多人因此习惯咖啡里有牛奶及砂糖的味道，即使在拿到一杯仔细冲煮的有趣咖啡时亦然。这个举动可能会导致咖啡师、职业烘焙师或一名单纯热爱咖啡的人感到挫败。

好咖啡应有来自本身的甜味，牛奶能阻隔苦味，却也会抢走咖啡的风味与个性，掩盖了咖啡生产者辛苦劳动的结晶以及风土条件产生的咖啡个性。我们会建议在加入任何糖或奶之前先尝尝原味，如果黑咖啡状态的风味令你难以入口，再进一步加入牛奶或糖。想探究咖啡的美好世界，必须从饮用黑咖啡开始，否则难以理解咖啡世界的美好。将时间及精力投资在学习如何欣赏咖啡之美，必能得到极大的回报。

有些人认为选择不同的牛奶制品，能够赋予咖啡另一番风味，享受变化多端的口感。

鲜奶油又称为生奶油，是从新鲜牛奶中分离出的含脂肪的高浓度奶油，用途较广，如制作冰激凌、蛋糕或冲煮咖啡时都会用到。鲜奶油的脂肪含量最高为50%，最低为25%，冲煮咖啡通常使用含脂肪25%～35%的鲜奶油。

鲜奶油经搅拌发泡后就变成泡沫奶油，这种奶油配合含有苦味的浓咖啡，味道最佳。把牛奶浓缩成1～2.5倍，就成为无糖炼乳。一般的罐装炼乳是经过加热杀菌的，但开罐后容易腐败，不能长期保存。

冲煮咖啡时，鲜奶油会在咖啡上浮一层油脂，而炼乳却会沉淀到咖啡中。当咖啡中加入了鲜奶油后，若表面出现羽状的油脂，则是因为高脂肪的鲜奶油加入了酸味强的咖啡中，或使用到不新鲜的奶制品时所产生的脂肪分离现象。所以，除了要注意奶制品的新鲜度外，高脂肪的鲜奶油应该和酸味比较缓和的咖啡调配。

牛奶：适用于调和浓缩咖啡或作为咖啡的变化来使用。

奶精：则使用更加方便且容易保存。

糖粉：属于一种精制糖，没有特殊的味道，易于溶解，通常有小包装，方便使用。

方糖：为精制糖加水，而后将它凝固成块状。方糖保存方便，且溶解速度快。

白砂糖：亦属于精制糖，它是粗粒结晶固体，色白。

黑砂糖：是一种褐色砂糖，有点焦味，常用于爱尔兰咖啡的调制。

冰糖：呈透明结晶状，甜味较淡，且不易溶解，通常要先磨成细颗粒。

咖啡糖：专门用于咖啡调制，为咖啡色的砂糖或方糖，与其他糖比较，咖啡糖留在舌尖上的甜味更持久。

（四）其他香料

咖啡因各地人们的喜好不同，有着许多不同的饮用方式，同时为了增进咖啡的美味，而使用各式各样的添加物。

香料：肉桂、可可、豆蔻、薄荷、丁香等，其中肉桂、可可常用于卡布奇诺。

水果：柳橙、柠檬、菠萝、香蕉等，用于花式咖啡的调制及装饰，丰富咖啡的另类享受。

酒类：啤酒、葡萄酒、伏特加、白兰地、威士忌、朗姆酒、琴酒、利口酒等，用以调配花式咖啡。

（五）适当的温度

　　"趁热喝"是品味咖啡的必要条件，即使在盛夏饮咖啡也是一样。咖啡温度降低时，风味会随之降低。所以在冲煮咖啡时，为了不使咖啡的风味降低，要事先温热杯具。

拓展知识

品尝咖啡和描述风味的自我训练

相较于一般消费者，专业咖啡品尝家是如何快速完成自我训练的？

其实他们并不是通过使用杯测或杯测匙做训练，平常也不会使用计分表，也不一定有关于每一种咖啡豆的详细资料。自我训练是通过日常的比较品评机会建立的，借由不断的专注且有意识的品鉴过程，让咖啡品鉴师增加了一项稳定性优势。而且即使在家里也可以轻松地独自练习。

选购两款非常不同的咖啡豆进行品评。比较式品评是非常重要的一种方法，假如一次只品鉴一种咖啡，就没有任何比较依据，此时的所有论述都只依靠先前的不准确的、有缺陷的品尝记忆片段。

选择两个一样的冲煮器具，最好选用可以冲煮单杯，或两小杯咖啡的器具，避免浪费和喝过量。

让咖啡汁液稍稍冷却，在较低的温度下比较容易察觉风味，温度很高时味蕾比较迟钝。

开始交互品尝两种咖啡，在品鉴每种咖啡时，至少要啜饮两口，之后才品尝下一种。开始思考两种咖啡之间尝起来有何不同，假如缺乏参考资料，这个步骤会极其困难。

首先专注在质感上，比较两种咖啡的口感，是否其中一种有着较高的厚实感？有较多甜味？有较干净的酸味？品鉴时，试着不要看包装上的风味描述，自己想象一些风味词汇并记录下来。

不用担心到底喝到哪些味道，风味描述是咖啡品鉴里最吓人的一个部分，也最令人感到受挫。烘豆师在描述风味时，不只会形容风味，如说坚果味或花香味，也会涵盖很多感官词汇，例如，烘豆师会形容咖啡里有成熟的苹果调性，这会让你看到甜味与酸味同时存在的意味。假如你具备指出各种风味的能力，就将这些味道记录下来。反之，也不用过度担心，任何想到可以用来描述风味的词语其实都是派得上用场的，不论是否与味道有关。

　　结束品鉴时，比较一下你记录的文字与包装上烘焙商描述的风味，现在你是否能够看懂他们尝试表达的味道了？通常到这个时候，你先前的挫败感会同时消失，一切瞬间都变得如此明白，这个方式其实就是建立咖啡专业风味词汇的方法之一，使得描述咖啡的风味变得越来越简单。不过如何描述得更完整，则是从业人员持续努力的目标。

认识常用的咖啡制作器具及使用和维护

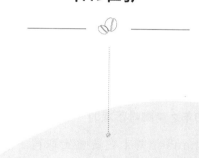

　　出品一杯好的咖啡，需具备三大要素：优秀的咖啡制作者、优质的咖啡豆、优良的咖啡机。

　　有了烘焙的咖啡，咖啡制作者还要决定选择哪种咖啡器具制作咖啡。市场上常用的咖啡机有压力式咖啡机（意式咖啡机、全自动咖啡机）、过滤式咖啡机、虹吸壶、摩卡壶、土耳其壶、法压壶等。有些咖啡爱好者们对手冲咖啡也比较着迷。

🫘 意式咖啡机的使用和维护

意式浓缩咖啡是现代咖啡馆的标志性符号，一杯浓缩咖啡把咖啡的光鲜面淋漓尽致地展现出来，炫耀着自身对细节的关注。研磨粒度、计量、萃取时间、成品重量，似乎这些变量都没有什么难控制的，但差之毫厘就能谬之千里。

一、意式咖啡机的成长历史

（一）孕育期：1900年之前咖啡萃取的"完美蒸汽论"

1818年，Romershausen博士在普鲁士取得一项"萃取器"的专利。

1822年，法国人Louis Bernard Rabout取得一项专利，是利用吸油墨纸的特性结合Romershausen博士所设计的基础上，用以获得更洁净的萃取液。

1824年，巴黎工匠Caseneuve设计了一款过于复杂而无法制造的咖啡器具，希望能避免香气的散失。

1827年，Laurens在法国的专利则是强调咖啡萃取前，需先以蒸汽湿润咖啡粉。

1833年，英国人Samuel Parker的发明则是利用泵将水往上打通过咖啡，而不是让水向下流过咖啡。

1838年，巴黎的眼镜师Leburn设计了多款小型桌上咖啡器，在南欧非常流行。

1840年，Tiesset设计一个真空泵将热水往下拉，以额外的力度通过咖啡粉。

1844年，法国人Cordier在他申请的专利中画了许多款咖啡萃取器，其中有一款与30年后Eicke的德国机器很相似。

1847年，Romershausen制作了一个蒸汽压力咖啡锅。

1855年，法国人Loysel引进一款大容量的吧台咖啡机，号称每天制作10000杯咖啡。

1868年，维也纳人Reiss研发出新型"维也纳壶"。

（二）童年期：一次一杯的咖啡专属特权

1901年，Luigu Bezzera所设计的咖啡机申请专利成功。

1902年，其友人Desiderio Pavoni在这台机器的基础上添加了卸压活塞装置，还将此种机器商业化，进行生产销售。

1903年，Bezzen因财务困难以一万里拉的代价将专利权转卖给Pavoni。

1905年，La Pavoni公司宣布成立。

1906年，意大利人Arduino申请专利，在机器内装入一个热交换器来快速地将水加热。

1909年，Luigi Giarlotto在机器中加入了泵，从而解决了萃取中压力不足的问题。

1910年，他的第二个专利为螺旋下压式活塞，可将咖啡所有的美味由活塞挤出。

1935年，Illy博士发明了第一台使用压缩空气来推动水通过咖啡粉的机器。

1938年起，锅炉的放置成功地由原来的垂直放置改良为了水平放置。

（三）青春期：压力变大水温下降，"黄金泡沫"的诞生

1948年，Gaggia将活塞式杠杆弹簧咖啡机引进市场。

1952年，一夜之间大型的直立机消失了。

1956年，Cimbali使用液压系统可避免在使用杠杆时耗费太多的力气。

（四）成熟期1962年之后：电子零件的普及化、"热交换、热循环"的优势

1955年，Giampietro Saccani跨出重要的一步——维持冲煮头温度的稳定。

1961年，意大利与西班牙合作生产E61机型。在过去热水是被加压，但现在则是先将水加压再加热，相对于过去是一次完美的革命。

二、意式咖啡机的结构和工作原理

（一）意式咖啡机的结构

意式咖啡机结构主要包括磨豆器、冲泡电机、冲泡器、发热煲（锅炉）、蒸汽发热管及水箱等组件，通过水泵加压、锅炉加热，使热水在高压下通过咖啡粉槽萃取出浓郁咖啡。

意式咖啡机

（二）意式咖啡机的工作原理

意式咖啡机是在持续且恒定的条件下，符合88～92摄氏度水温、8～9帕的水压、0.8～1.2帕的气压下，在20～30秒内制作出20～30毫升，表面呈榛子色或是浅红褐色，有一定细腻度且能反射出光泽，具有持久度油脂的咖啡。

有些咖啡机制作几杯咖啡后，水就凉了。水温不够高，直接影响咖啡出品的口感，这可能是因为咖啡机的材料热传递差，或是因为咖啡机锅炉容积小，导致热水不够用。建议可以购买子母锅炉，大锅炉用于储存热水，保证水的恒温和良好的热传递。小的锅炉主要是制作咖啡用水。大锅炉的水位是锅炉容积的70%，小锅炉的容积至少约为600毫升，可以保证12杯咖啡用水的恒温。

三、意式咖啡机的使用

（一）水源选择

新鲜的软水，水垢少，对咖啡机的损伤小。

（二）电　源

三相电，三条火线一条零线，零线和每条火线之间的电压为220伏，每两条火线之间为380伏。

（三）原材料和物料的准备

原料： 拼配咖啡豆，也叫意式咖啡、综合咖啡，Espresso咖啡豆，由2种或2种以上的不同国家、不同产地的咖啡豆科学拼配而成。

物料： 咖啡杯、咖啡勺、糖包、饮用水、水杯、牛奶、奶缸、所有用途抹布、根据菜单内容所需其他物料。

（四）操作规范

以25分钟操作时间为例。其中包括了10分钟的准备时间和15分钟的制作时间。在15分钟内，咖啡制作者要制作出4杯Espresso，4杯拉花Cappuccino，4杯创意咖啡。

1.准备工作

（1）布置服务台：桌布、装饰品、饮用水杯、吐水杯、奶缸、糖缸、纸巾盒、点心等。各物品摆放合理、美观、实用。

（2）布置操作台面：咖啡杯、抹布、牛奶、奶缸、其他配料等所有物品摆放归位。

咖啡杯用烫水温烫，擦拭干净后摆放在温杯台上，后用的靠后摆，先用的靠前摆，在杯子上加盖干净的抹布加以保温。杯子包括4个Espresso杯，4个拉花Cappuccino杯，4个创意咖啡杯，以及试做咖啡时需要的Espresso杯。

1升牛奶2盒，从冰桶中或是从冷藏室中取出。拉花奶缸2～3个。打奶器具物品可以放在靠近打奶蒸汽管那一侧。

创意咖啡制作过程中需要用到冰块和其他器具的一并准备和摆放好。

（3）往磨豆机豆仓中倒入咖啡豆，用多少倒多少，将需要制作咖啡的量一次倒够。

（4）试做咖啡，微调磨豆机的粗细调节旋钮，获得理想的咖啡粉。

试做一般不超过3次。

试做完成后，所用杯具要撤出操作台，进行台面的整理和清洁工作。

2.正式开始制作

（1）自我介绍，制作内容简要介绍。

（2）上服务：给客人或评委倒清口水，冬天为温水，夏天为凉水。请客人或评委稍候，期待即将奉上的意式浓缩咖啡。

（3）制作Espresso：打开磨豆机，取把手，清洗和擦拭把手，打粉、压粉、擦拭。磨豆机磨足量时关机。

　　上把手前打开出水口开关放掉一部分低温的水，上把手，打开出水口开关，开始计时计量萃取咖啡，足量时关机。

　　一般我们用双头把手，2次冲煮可以制作出4杯Espresso，这样可以节省时间和节约成本，只有在特殊情况下才使用单头把手，三头把手基本不用。

　　为客人或评委奉上Espresso，并做简要的说明和品饮引导。

　　（4）制作Cappuccino：制作出两杯Espresso底料，用Cappuccino杯接底料。

　　将牛奶倒入奶缸，按照打奶泡步骤打出需要的奶泡。打奶要有针对性，做什么样的咖啡，打什么样的奶泡。打奶泡是制作Cappuccino的基本功，奶泡的绵密程度、气泡量的多少和大小，奶的温度等等都需要仔细观察，认真体会。所以打奶既是体力活，更是脑力活，要先动脑，再动手。

　　打出理想的奶泡是拉花的前提。很多人认为拉花是制作咖啡的最高境界。我们的理解是，拉花是锦上添花。一杯好的Cappuccino最关键的还是由口感纯正的Espresso来决定。

　　为客人或评委奉上Cappuccino，并做简要的说明和品饮引导。

　　（5）制作创意咖啡：创意咖啡最重要的是在品饮要义基础上有所创新。可以是物料、口感、盛放器具、咖啡文化等多环节、多角度的创意创新。无论如何创意创新，这杯咖啡都须是能带来令人愉悦的品饮体验。

　　创意咖啡制作没有统一的标准，可参看出品评价标准。为客人或评委奉上创意咖啡，并做简要的说明和品饮引导。

　　（6）操作台面的整理和清洁：所有物品需归位。台面整理清洁，不留下咖啡粉、水渍、咖啡渍、奶渍等。

　　（7）结束操作。

四、意式咖啡机的清洁保养

（一）每日清洁保养工作

1.水位检查（包括水源）

将机器开关由"0"拨到"1"，开机前，须从机器水位视窗查看锅炉水位是否正常，如有异常，须查明原因，排除问题后才能将机器电源开关旋至"2"加热挡。待到蒸汽管喷出热气，关闭蒸汽开关。

2.咖啡机机身清洁

每日开机前、结束工作后都要用湿抹布擦拭机身，如需使用清洁剂，须选用温和不具腐蚀性的清洁剂将其喷于湿抹布上再擦拭机身。需要注意的是抹布不可太湿，清洁剂更不可直接喷于机身上，以防多余的水和清洁剂渗入电路系统，侵蚀电线造成短路。

3.清洗蒸煮头出水口

每次制作完成后将把手取下并按清洗键，将残留在蒸煮头内及滤网上的咖啡渣冲下，再将把手嵌入基座内，但注意此时不要将把手嵌紧。按清洗键并左右摇晃把手以冲洗蒸煮头垫圈及蒸煮头内侧的咖啡渣。

每天工作结束后需要清洗蒸煮头出水口。将无孔滤杯装置拿于手中，接着装入清洁粉2～3克，再将把手嵌入基座内，检查把手和基座是否密合。按下手动出水开关4秒后关闭，如此重复数次，待清洁粉完全溶解后再将把手放松，按手动出水键并左右摇晃把手以冲洗冲煮头内侧，直到滤杯内的水变成干净无色为止。第二天正式制作咖啡时记得要先试煮一杯咖啡，去除清洁后的异味。

若有多个出水口和把手，亦遵循上述步骤进行清洁保养工作。

4.清洗蒸汽管（奶管）

使用蒸汽管（奶管）制作奶泡后需将蒸汽棒用干净的湿抹布擦拭并再开一次蒸汽开关，利用蒸汽本身喷出的冲力及高温，自动清洁喷气孔内残留的牛奶污垢，以维持喷气孔的畅通。

如果蒸汽管（奶管）上有残留牛奶的结晶，请将蒸汽管（奶管）用装入八分满热水的钢杯浸泡，以软化喷气孔内及蒸汽棒上的结晶，20分钟后移开钢杯，并重复前述第一段的操作。

5.锅炉的维护

为延长锅炉的使用寿命，如果长时间不使用机器，请将电源关闭并打开蒸汽开关，将锅炉内压力完全释放，待锅炉压力表指示为"0"，蒸汽不再喷出后再清洗盛水盘和排水槽，注意，此时不要关闭蒸汽开关，待隔天开机后蒸汽棒有热水滴出时再关闭，以平衡锅炉内外压力。

6.清洗盛水盘

营业结束后或使用前将盛水盘取下用清水抹布擦洗，待干后装回。

7.排水槽

取下盛水盘后用湿抹布或餐巾纸将排水槽内的沉淀物清除干净，再用热水冲洗，使排水管保持畅通；如果排水不良时可将一小匙清洁粉倒入排水槽内用热水冲洗，以溶解排水管内的咖啡渣油。

8.滤杯及滤杯把手

每日至少一次将把手用热水润洗，溶解出残留在把手上的咖啡油脂及沉淀物，以免蒸煮过程中部分油脂和沉淀物流入咖啡中，影响咖啡品质。

冲泡滤杯及滤杯把手的具体做法是：将任一滤杯把手的滤杯取下更换成清洗消毒用无孔滤杯。

（二）每周清洁、保养工作

1.出水口

（1）取下出水口内的分散铜片及滤网（如果机器刚使用过注意高温烫手），浸泡至清洁液中（500毫升热水对3小匙清洁粉混合）1天，将咖啡油渣、堵塞物由分散片滤孔及滤网中释出。

（2）用清水冲洗所有配件，并用干净柔软的湿抹布擦洗。

（3）检视分散片滤孔是否都畅通，如有阻塞请用细铁丝或针小心清通。

（4）装回所有配件。

2.滤杯及滤杯把手

（1）分解滤杯及滤杯把手浸泡至清洁液中（500毫升热水对3小匙清洁粉混合）1天，将残留的咖啡油渣溶解出来。注意，手把塑胶部分不可浸泡至清洁液中，以免手把塑胶表面遭清洁液溶蚀。

（2）第二天开机前，用清水冲洗所有配件，并用干净柔软的湿抹布擦洗。

（3）装回所有配件。

3.蒸煮头除垢

按照每日保养中清洗蒸煮头的步骤进行，但要将清洁粉换成除垢剂。

（三）每月、每季清洁，保养工作

1.组合水处理器

检视滤芯，更换第一道、第二道滤水器滤芯，建议每月更换一次，咖啡制作量比较大时可以半月更换一次。换完滤芯后要先接自来水，让水经过组合水处理器后排出，待流出的水无色、无杂质、无异味时方可接入咖啡机（约30分钟）。

2.软水器

检视软水器，再生软水器。利用置换钠离子对钙镁离子进行置换的原理，使用食盐溶液对软水器进行维护和保养，建议每月使用一次。

步骤如下：关闭软水器的自来水进水阀门和软水器软水进入咖啡机的水源阀门，将软水器自来水阀门调整至排水状态，释放软水器中的水压（软水器内的水流出）。打开软水器盖子，倒入1千克左右的食用盐，扣好盖子，打开自来水进水阀门，调整软水进入咖啡机的阀门至排水状态，软水器进入自动换水清洁状态。待排出的水没有咸味为止，软水器完成清洗工作，软水器内的树脂颗粒恢复软化活性方可打开软水进入咖啡机的水源阀门。

知识拓展

压粉锤的讲究

　　每个咖啡师都想拥有或者私底下都有属于自己的Tamper另或叫压粉锤，其作用最主要的是压平和夯实咖啡粉，我们可以理解为，压粉锤是咖啡师与咖啡机之间沟通的桥梁。

咖啡粉锤

　　压粉锤有两种大小，小的尺寸在49～53毫米，大的尺寸在57.5～58.5毫米，规格上的差别主要是因为家用意式机和商用咖啡机的问题，普遍商用都是使用大号粉碗，而每个咖啡机公司都有自己设定的尺寸，所以就出现57.5～58.5毫米的情况。通常压粉锤的制造商都会选择生产58毫米的粉锤，一来方便生产，二来成本也会比较低。压粉锤的价格亦会随公司品牌、压粉锤的形状、材料、重量、设计或者限量版等影响因素而增加。

　　选择适手的压粉锤很重要，一般锤底要适合机器和粉碗，把手要适合咖啡师。

Espresso制作条件

◎意式咖啡机。

◎拼配咖啡豆。

◎标准的Espressoo咖啡杯。总容量50～70毫升，杯底无死角，为圆弧形底。

◎咖啡制作者对Espresso口感精益求精的追求。

Espresso的含义

"Espresso"是一个意大利咖啡语单词，有on the spur of the moment与for you的意思。也许，翻译成"意式浓缩咖啡"并不见得合适，因此，通常直接引用Espresso，不再使用译名。

以7克深度烘焙的综合咖啡豆，研磨成极细的咖啡粉，经过9个大气压与约90摄氏度的高温蒸汽，在20～30秒的短时间内急速萃取20～30毫升的浓烈咖啡液体称之为"Espresso"。一杯成功的"Espresso"最重要的是看表面是否漂浮着一层厚厚的呈棕红色的油脂沫"Crema"。Espresso有以下五个含义：

◎快速制作：20～30分钟，出品20～30毫升的浓缩咖啡。

◎特意为您制作。

◎咖啡出品的名称。

◎原料的名称：意式咖啡豆具有特殊性，为拼配咖啡豆，要求拼配咖啡至少包含有2种以上不同产地的咖啡豆，为的是体现咖啡酸香苦甘醇均衡和综合的口感。

◎咖啡制作方法的名称：Espnesso代表了一种特殊的咖啡制作方法。

Espresso的种类

按照出品量分为：

◎出品量15～25毫升：Ristretto

◎出品量20～30毫升：Normal

◎出品量30～45毫升：Lungo

一杯好的Espresso应满足哪些条件

1.视　觉

◎量：50～70毫升咖啡杯，20～30毫升咖啡量。

◎色：表面油脂呈榛子色或浅红褐色。

◎油脂：咖啡油脂细腻，有光泽，具有持久度。

2.嗅　觉

香气持久，令人愉悦。反之，则给人一种不舒服的负面酸。

3.味　觉

用暴饮的方式品尝咖啡，Espresso以浓雾状均匀地、尽可能在同一时间内分布到舌头的不同味觉区，使品饮者能够客观地对所尝咖啡做出评判。

好的Espresso给人以酸、香、苦、甘、醇均匀和综合的口感体验。

（注意：品饮时，可根据个人口味加糖，一般不加奶。）

全自动咖啡机的使用和维护

　　全自动咖啡机指的是只需按下按钮便可以制作出一杯咖啡的机器，它实现了从咖啡豆磨粉到热水冲煮出咖啡的全过程自动化。全自动咖啡机是整个咖啡机行业里发展最快的。从1999年第一台能制作Espresso（意式浓缩咖啡）的全自动咖啡机发布以来，各个不同的咖啡机厂商都在致力于研究开发，使得其功能不断地完善，已经有能加热牛奶并把它按比例配在咖啡里的高端机型面市。好的全自动咖啡机制作出来的咖啡完全可以和商用专业机相媲美，而因其能自动磨豆，且相对于专业机来说价格又低很多，所以从问世以来便一直受到家庭及办公场所的青睐。随着咖啡文化在国内的深入，全自动咖啡机正掀起一股新的购买热潮。

一、全自动咖啡机的构造

　　全自动咖啡机是一种集研磨、冲泡于一体的现代化咖啡制作设备。其构造通常包括以下几个核心部分：首先是水箱，用于储存制作咖啡所需的水量；其次是研磨器，能够将咖啡豆研磨成适合冲泡的细粉；接着是冲泡单元，它负责将热水通过咖啡粉，萃取出咖啡的精华；此外，还有电子控制系统，通过预设程序控制咖啡的浓度、温度和体积；最后是出水口和咖啡杯托盘，用于输出和收集制作好的咖啡。这些部件协同工作，使得全自动咖啡机能够快速、便捷地为用户提供高质量的咖啡饮品。

全自动咖啡机

二、全自动咖啡机的工作原理

为满足自动加热、冲咖啡、咖啡机添水、洗咖啡机都能自动完成，咖啡机的设计人员设计出了全自动咖啡机。全自动咖啡机比起普通咖啡机添加了许多功能，一般全自动咖啡机包括如下功能：

程序设置：对于全自动咖啡机来说程序设置大体一样，比如杯量控制、温度控制、预磨粉功能、咖啡豆用量的调节、预置功能等。

清洁功能：全自动咖啡机的零部件可拆卸，用过后你可以把可拆卸的部分拆卸下来进行清洗，不能拆卸的咖啡机要自己清洗。

加热系统：全自动咖啡机使用热阻板和加热单元进行加热，通常不到1分钟就可以完成从重置温度到加热温度。有些全自动咖啡机有两个加热系统，这样的好处是可以减少等待的时间。

数码智能控制：全自动咖啡机采用的是数码智能控制，咖啡机的LED屏随时可以显示工作状态，数字显示屏会显示咖啡机准备好做什么或正在做什么，按照指示就可以泡出咖啡。

三、全自动咖啡机的操作注意事项

（一）数字显示的状态信息

①RINSE 润湿；②EMPTYTRAY 清空底盘；③TRAYMISSING 底盘错误；④MACHINECLEAN 机器清洗；⑤ADDTABLET 添加药片满粉；⑥COFFEEREADY/DESCALE 机器除垢；⑦AROMO 浓度；⑧STRONG 浓；⑨LOW 低；⑩TEMPERATURE 温度；⑪COFFEEREADY 准备完成；⑫WATERTANKFILL 水箱加水；⑬FILLBEANS 加入咖啡豆；⑭BEANCOVERMISSING 豆仓盖错位。

（二）机器清洗/除垢

当"MACHINECLEAN"与"COFFEEREADY/DESCALE"交替出现在显示屏上时，表示咖啡机需要清洗和除垢，但仍可以做咖啡。

除垢粉/药片为固态，除垢液为液态，都应放在咖啡机水箱内，所放比例可以参看除垢粉/药片和除垢液的使用说明书。

（三）水　质

新鲜的软水。

（四）电　源

220伏，100~1500瓦。

（五）咖啡量、浓度、温度调节

利用调试键的调节和设定功能，获得所需咖啡的量、浓度和温度。

（六）清　洗

机器配备自动排气和防潮加热系统，可以长期保持机器内部空气干燥清新，确保原料不凝固结块。

机器在使用的过程中，如果有发生内部管道出水不畅的现象，该系统可以轻易解决这个问题。

四、全自动咖啡机操作技术要领

（一）开　机

要制作咖啡首先要连接电源，咖啡机必须连接到A/C插座。使用电压须与机器包装上注明的指定电压相符。严禁使用有缺陷的电源线，插好电源后打开咖啡机电源开关即可。

（二）加　豆

移去豆箱盖，并用适量的咖啡豆放入豆箱（大多数全自动咖啡机的豆箱容量不会超过1千克），装至八成满。

（三）加　水

取下机器上的水箱，取走水箱盖，装入约3/4容量的清水，水箱底部的阀门作用为放水流出。将水箱放回机器时，正对能自动打开的阀门轻压水箱，然后盖好水箱盖。

（四）设　置

完成以上准备工作后就可以制作咖啡了，一般全自动咖啡机机身上面都有："小杯""大杯""热水蒸汽""咖啡粉"等几个功能按键，有的没有用粉按键，是因为它没有粉槽这个装置，也就是说只能使用咖啡豆子。有的主机菜单里还有咖啡粉量设置，咖啡水量（浓度）设置，咖啡温度设置，双杯等选项，具体的功能因机器而异。需要大杯咖啡则按大杯按键，要喝小杯则按小杯按钮，所以全自动咖啡机制作咖啡是非常简单的，根本不需要人为过多的操作，只要满足做的咖啡的基本条件就行。

（五）花式咖啡的制作

如果需要制作花式咖啡的话，则需要提前做好一杯浓缩咖啡（Espresso），然后用拉花钢杯装至1/3～1/2全脂牛奶，让蒸汽管刚好接触牛奶表面，距杯体内壁约一指远。打开蒸汽开关，当奶泡已经大约到满杯的程度，先关上蒸汽，再拿离奶杯。这时右手端起拉花钢杯，左手端起浓缩咖啡，将打好的奶泡徐徐倒入刚完成的浓缩咖啡中。这样一杯香浓的Cappuccino就做好了。有的咖啡机上配有自动打奶器，需要时将奶管插入牛奶奶面以下，机器自动打奶并将奶泡从牛奶和咖啡双出口处注入咖啡杯。

知识拓展

全自动咖啡机和半自动咖啡机的区别

意式咖啡机和全自动咖啡机都是压力式咖啡机。意式咖啡机是半自动咖啡机，属于专业机，基本上用于商业。它的优势是专业出品，速度快，经久耐用。不足之处是操作不易，能耗高。但是制作咖啡的技术到位后，意式咖啡机出品会比全自动咖啡机更稳定。

全自动咖啡机的控制系统比半自动意式咖啡机要复杂，但是操作简单，对制作者的技术依赖性不高，出品通过数控控制，比较稳定，也较能节约成本。不足之处是，相对于同等级别的半自动咖啡机，全自动咖啡机的故障率高，电子数控板容易损坏，维护起来较麻烦。全自动机身基本为工程塑料，较少见不锈钢机身，机身容易老化。全自动咖啡机分为单锅炉和双锅炉两种。单锅炉可用作家用，或是小型办公室使用。双锅炉可用于商业，或星级酒店使用。半自动咖啡机提取咖啡的水是恒温的，不论是多么频繁地制作浓缩的咖啡都是如此；半自动咖啡机在提取咖啡的过程中它的泵压是非常稳定的；半自动咖啡机的蒸汽恒压并且干燥，同时操作也十分的简便。半自动咖啡机使用起来过程虽然繁复，但是使用者可以根据自己的喜好和需要选择咖啡粉的多少和咖啡机的压粉力度来制作不同的咖啡。

全自动咖啡机制作的咖啡口感就不如使用半自动咖啡机经过手动填粉、压粉的咖啡。全自动咖啡机在操作时不需要人工进行咖啡机的清理，它能自动实现咖啡机内残留物的清理工作。全自动咖啡机使用方便，咖啡制作的效率高，操作的人员不需要进行培训就能进行操作，但是全自动咖啡机在保养方面比半自动咖啡机更加的细致，费用也相对较高。半自动咖啡机的机器结构简单，它在咖啡机的维护方面也更容易，半自动咖啡机使用正确方法制作出来的咖啡品质更高，口感也更好，但是半自动咖啡机的操作人员需要经过严格的培训才能制作出高品质的咖啡。

　　如今越来越流行的咖啡包机和胶囊咖啡机，也可称作全自动咖啡机。两者共同的特点就是"全自动"，操作简便。所不同的是，传统意义上的全自动咖啡机用的原料是咖啡豆，而咖啡包机和胶囊咖啡机所用原料为咖啡包和咖啡胶囊这样的咖啡半成品。

　　严格来讲，投币式咖啡机并不是传统意义上的全自动咖啡机，投币式咖啡机可以说是一种速溶全自动咖啡果汁饮料机，速溶投币式咖啡果汁饮料机既可投币作经营来使用，也可以不投币作为给员工的福利来使用，轻轻按键，就可以自动冲调出一杯热的或是冷的咖啡、奶茶和果汁，方便快捷。

美式过滤咖啡机的使用和维护

美式过滤咖啡机因为其简单方便，同时因为它的价格，为许多人使用，虽然它被一些专业人士或者咖啡爱好者不屑一顾，但作为冲煮咖啡的一种方式，还是有它存在的理由，在各种煮咖啡的器具中，可能美式过滤咖啡机的市场还是最大的。

一、美式过滤咖啡机的构造

美式过滤咖啡机主要由水箱、加热系统、滴滤装置（包括滤网和滤篮）、玻璃咖啡壶以及控制开关等部件组成，通过加热系统将水加热至沸腾后滴入滤网中的咖啡粉进行萃取，最终流入玻璃咖啡壶中完成咖啡的制作。

过滤式咖啡机

美式过滤咖啡机，作为一种广泛使用的咖啡制作工具，其构造科学且实用，主要由机身、水箱、滤网与滤篮、加热板和滴滤壶组成。机身提供支撑，水箱储存冷水并标有水位刻度，滤网和滤篮用于放置咖啡粉并确保热水均匀流过，加热板快速加热水至沸腾，滴滤壶接收咖啡液并具备保温功能。部分机型还配备水位刻度表和保温盘，进一步提升使用便利性。各部件协同工作，高效萃取出高品质的美式咖啡。

二、美式过滤咖啡机的工作原理

（1）水从水箱流下，进入"U"型加热管。

（2）"U"型加热管对水进行加热，在经历一圈的加热后。正好达到沸点温度。

（3）通过水压和温压，使得最前面的热水被推到出水管道，进而通过出水口喷洒喷淋出来。

（4）热水滴入滤网中的咖啡粉后，经过充分的浸泡和萃取并通过滤篮的滴滤开关滴滤下来。

（5）咖啡进入玻璃壶，一壶咖啡烹煮完成，整个过程仅需5~8分钟。

三、美式过滤咖啡机的操作注意事项

（一）使用前准备工作

开机前要检查机器是否有漏水现象，如有漏水需要查出原因并排除。先打开开关，当冲煮指示灯亮起，蒸煮头出水，才可以制作咖啡。

（二）物料准备

咖啡杯、咖啡勺、杯托、水杯、吐水杯、搅拌木勺、糖包、牛奶、奶缸、咖啡壶、抹布（3块、分别用于擦拭擦杯口、擦台面、擦机器）、咖啡滤纸、咖啡粉、水、水壶、残水缸等。

（三）电　源

三相电，三条火线一条零线，零线和每条火线之间的电压为220伏，每两条火线之间为380伏。

（四）粉水配比

一般情况下粉越多，做出的咖啡量就越大。

通常我们所说粉水比是指一杯咖啡的比例，如4克：100毫升。

确定一定比例的粉水比，然后可以测试并进行调整，得到理想的口感。

如前4克：100毫升的比例，做4杯美式咖啡，就需要准备16克的粉，480毫升的水（多出的80毫升的水用于机器加热耗损）。

（五）使用后机器清洗

移开漏斗，擦净喷头周围。

（六）机器搬运时注意事项

打开机器，拔出水管，放干多余的水，再包装。

四、美式过滤咖啡机的技术要领

①杯具、咖啡勺等器具配备齐全；②抹布是否干净；③糖包、牛奶是否准备齐全；④准备过滤纸；⑤准备咖啡粉；⑥准备预洗水；⑦准备制作用水；⑧解说单杯粉水比；⑨解说制作杯数；⑩先注水再开电源；⑪预洗咖啡机；⑫用完咖啡机内的水；⑬温杯；⑭不乱用抹布；⑮清洁滤器；⑯制作后清洁喷头及周围；⑰无过多的咖啡粉洒落；⑱制作过程中保持操作区域的整洁干净。

虹吸式咖啡壶的使用和维护

虹吸壶又称"塞风壶"，是一种堪称完美的咖啡烹制工具，尤其是对于单品咖啡而言，可谓最能体现咖啡风味的一种冲煮工具，是不少咖啡迷的最爱。不仅是因为虹吸壶化学实验般的烹煮过程具有较高的观赏性，更主要的是虹吸壶能萃取出咖啡豆经过烘焙后所带有的那种爽口而明亮的酸，而酸中又带有一种醇香，更能体现出咖啡的独特风味。

一、虹吸壶的构造

虹吸壶主要由上壶（含壶盖和滤布）、下壶、支架以及加热源构成，通过加热下壶产生的水蒸气形成压力差，推动热水上升至上壶与咖啡粉混合萃取，冷却后咖啡液再经虹吸效应回流至下壶。

虹吸壶

二、虹吸壶的工作原理

虹吸壶虽然有"塞风壶"的别名，却与虹吸原理无关，而是利用水加热后产生水蒸气，造成热胀冷缩的原理。

虹吸壶分为上壶和下壶。当下壶中的水在酒精灯或其他热源的加热下，水温达到约92摄氏度时，下壶中的水被热膨胀产生的压力推动，顺着导管逃逸，透过滤网进入上层容器中，从而与咖啡粉溶合，经过浸泡、搅拌后，制成咖啡。最后移开热源，给下壶降温，咖啡液体回流到下壶中，一杯烹煮出来的香醇原味咖啡就做成了，整体看来，这一过程宛如科学实验。

三、虹吸壶的操作注意事项

（一）准备物料

咖啡杯、咖啡勺、糖包、抹布、滤布、磨豆机、咖啡豆、水、托盘、纸巾、饮用水等。

（二）热　源

常见的热源是酒精灯，一般虹吸壶套装内都会配备有酒精灯。但是酒精灯加热能力并不理想，当下壶为冷水时，加热时间太长。当下壶水开始逆向流入上壶，虽然下壶还在持续加热，但上壶水温很难达到90摄氏度，温度不够会使冲煮出来的咖啡味道偏酸，因此建议使用电加热炉或是小型瓦斯炉（如登山炉）来冲煮咖啡。

（三）粉水配比

虹吸壶采用加热的方式，水温较高，萃取的时间稍短，所以虹吸壶冲煮时以偏多的水分来达到高浓度，弥补萃取的不足，从而也就形成了虹吸壶冲煮法醇厚特质的成因。

（四）搅拌次数

虹吸壶冲煮法多了一个重要的步骤，就是搅拌。搅拌的目的是使咖啡粉与水充分接触，把咖啡的可溶性物质萃取出来。搅拌的时间越长，力道越大，越容易提高萃取率、胶质感、香气与苦味。如果搅拌时间短甚至不搅拌，容易萃取不均匀或萃取不足，咖啡的芳香物质残留在咖啡渣内，冲煮出的咖啡就会淡而无味。

搅拌动作要轻柔，避免暴力搅拌。如果是新鲜的咖啡粉，会浮在表面成一层粉层，这时候需要将咖啡粉搅拌开来，咖啡的风味才能被完整地萃取出来。正确的搅拌动作是用木质搅棒自上而下，自左而右地轻压咖啡粉，然后按顺时针和逆时针的方法搅动咖啡，带着下压的劲道，将浮在水面的咖啡粉沉浸在水里。

（五）使用后的清洗

虹吸壶为玻璃材质，容易清洗，但清洗过程中也容易破损。清洗时首先要用右手握住上壶玻璃导管，左手手掌往瓶口处轻拍三下。然后在玻璃周围再轻拍三下，使咖啡粉末松散。将咖啡粉末倒掉后，用清水冲洗上壶内部，轻轻转动几圈冲洗。再用清水直接冲洗过滤器，清除咖啡渣。拨开过滤器弹簧钩，撤下过滤器。将上壶、下壶、壶盖用洗杯刷沾上洗洁剂刷洗干净，再用清水洗净。注意，冲洗时应小心避免敲破瓶口，避免玻璃导管撞击水槽或杯子造成损坏。

用双手合十挤压转圈、拧干的方法清洗过滤器，不用时将过滤器和滤布置于干净的水中浸泡，以免氧化。滤布是易耗品，即使每次使用后清洁得很干净，也会因为堆积过多油垢而发生堵塞，致使上壶咖啡液回流到下壶的速度变慢，此时就要更换滤布了。当滤布出现破损时，会影响到过滤效果，当有咖啡渣流入下壶中时也要更换滤布。

四、虹吸壶的使用技术要领

①杯具、咖啡勺等器具配备齐全，尤其是备用器具和冰夹等；②配料准备齐全；③事先洗干净滤布，并用水浸泡；④解说咖啡名称，口感风味特点；⑤解说粉水比；⑥滤布在上壶里水平密合；⑦预洗虹吸壶；

⑧预洗和制作过程中要先擦干下壶，后点火；⑨先往下壶内倒入少量的热水，摇晃几下，使其受热均匀后再往下壶内注水；⑩先加热下壶，然后插入上壶；⑪等待上壶里的水均匀受热后再倒入咖啡粉；⑫均匀搅拌上壶内的咖啡粉，使粉水充分接触；⑬温杯；⑭不乱用抹布；⑮在规定的时间内完成制作；⑯用事先量好的咖啡豆研磨成粉，现磨现用，用完所磨咖啡粉；⑰制作过程中及制作完成后，及时迅速清洁整理操作台面；⑱进行简要的品饮引导。

知识拓展

虹吸壶的历史

1827年，德国宾根的诺伦贝格教授绘制了一幅咖啡机的草图，这是世界上已知的第一件虹吸式咖啡壶（又称塞风壶）。此后的19世纪30年代，德法两国都偶有虹吸壶的专利申请。大部分的申请者是女性，其中最引人注目的是里昂人瓦希尔热女士于1841年提出的设计。它由装配在一起的两个球体构成，下球体的阀门可以分倒咖啡，上球体的顶部装饰着镂空的金属王冠。这项设计距离今天已经有170余年的历史，但你不得不惊讶，现代的虹吸壶和它几乎没什么两样。虹吸壶是一种创新性的咖啡冲煮器具之一。随着玻璃在欧洲越来越普及，用玻璃设计咖啡壶的风潮从此贯穿了19世纪。

比利时皇家咖啡壶

比利时皇家咖啡壶又名平衡式塞风壶，也有人称之为维也纳咖啡壶。这种壶以真空虹吸的方式冲煮咖啡，利用杠杆原理将冷热交替时产生的压力转换带动咖啡壶的机械部分动作。比利时皇家咖啡壶由一个放咖啡粉的透明玻璃壶和一个煮开水镀镍或镀银的密闭金属壶组成，两者中有一个连接真空虹吸管。用酒精灯烧金属壶，水沸腾后产生蒸汽压力，热水经由真空虹吸管流入玻璃壶中煮咖啡，等火熄灭温度下降后，咖啡液会被吸回金属壶内。因真空虹吸管底部有过滤装置，因此冲煮后的咖啡渣会留在玻璃壶内。打开小水龙头，咖啡液即会流出。

比利时皇家咖啡壶

　　比利时皇家咖啡壶的卖点不在于咖啡的美味，而在于咖啡壶本身的"秀"，同时它的冲煮原理与虹吸壶相同，因此在咖啡口味的选择和研磨方面，可以参考虹吸壶。

🫘　其他咖啡制作器具的使用

　　咖啡的饮用史就是一部新式冲煮法不断发展的历史，古往今来的咖啡食客群体充满了进取精神。咖啡的冲煮器具通常分为两大阵营：浸泡式和渗滤式。有的器具可兼划两类。浸泡式冲煮器（如法压式滤壶）可以使咖啡和水持续接触，操作者也能掌握一定的控制自由度。渗滤式冲煮器略有不同，它的原理是水流经咖啡粉层的同时萃取出风味。两者的区别就像是泡澡和淋浴，前者把咖啡完全浸透，后者更像是把咖啡从头到脚冲洗了一遍。

一、摩卡壶

（一）历　史

　　1933年，阿方索·比亚莱迪首次获得摩卡壶的专利权。他给自己的产品冠以"摩卡最快"的名字，但直到二战结束才流行开来。铝制壶身加标志性的设计让该产品迅速风靡，成为家庭用户的便捷廉价之选。

摩卡壶

（二）结构、工作原理

　　摩卡壶的内部工作方式可以归纳为泵压渗滤壶的原理，它的后续者是虹吸式咖啡壶，再下一代则是气动式咖啡机。泵压渗滤壶，相当于一层楼高的水经加热后被蒸汽压力推到壶身上部的三层隔间，遇到了久候多时的咖啡和滤网。水向下渗滤进入壶身的中部的二层，然后就可以从壶嘴倒出来了。

（三）摩卡壶的使用

有些人认为摩卡壶冲煮出来的咖啡比较苦，其实是他们将摩卡壶冲煮用水煮沸，导致了咖啡萃取过度，成品味苦的原因。如果正确使用，摩卡壶可以做出相当优秀的咖啡。除了正常的因素，有几点注意事项必须考虑在内。

摩卡壶的尺寸相差极大，有的大得出奇，有的小到不合情理。除非你有火力极旺的热源，否则尽量不要用大壶。大壶和小火不对称，后果就是冲煮时间极长，而且特别容易萃取过度。这的确是摩卡壶的极大缺陷之一：壶身越大，冲煮的时间越长，研磨颗粒度也需要相应增大，否则就会出现萃取过度的涩味和其他无趣的风味。有些摩卡壶通过增加荷重阀改进了这一缺点，如果压力达不到设定标准，水就无法通过阀门向上渗透。一定要了解你的摩卡壶是否有此功能，它在冲煮过程中很有用。

在冲煮用水与咖啡的比例达到正常平衡状态的基础上，我们建议按照摩卡壶的最大容量冲煮。加进去的水越少，水面上部空间就越大，额外产生的压力就很容易把水推到顶层。如果水来不及充分加热就被推走，自然就达不到需要的温度。

摩卡壶冲煮咖啡相当有讲究，而优秀的出品才真正有价值。我们建议给摩卡壶选用中度烘焙的咖啡豆，甚至浅一点的意式烘焙也问题不大。

（四）用摩卡壶冲煮咖啡

制作量：使用壶身最大容量时2满杯咖啡粉（约200克）。

冲煮比例：1∶5（200克粉∶1升水）。

研磨粒度：细过滤纸用粉。

摩卡壶操作过程

★ **具体步骤如下：**

（1）如果摩卡壶没有配备荷重阀，应该单独用其他的壶先煮沸1升水。如果配有荷重阀，直接把冷水倒入底层的壶基即可。

（2）称量40克咖啡，研磨后放入过滤器。

（3）用200毫升的热水注满壶基，把所有部件组合到一起。注意，任何摩卡壶的水量都不能超过壶基的泄压阀。

（4）把摩卡壶放到炉子上，设中火加热。打开盖子，盯紧冲煮过程。随着水的逐渐沸腾，咖啡开始慢慢上来。你可以通过降低炉温来降低渗滤速度，同时控制萃取率。

（5）用耳朵听、眼睛看是否冒泡。如有，证明蒸汽此时已经上来了，立即关闭炉子。

（6）用冷水快速给外壶降温以停止冲煮过程。

（7）倒出咖啡，稍微冷却后即可饮用。

二、法式压滤壶

　　法式压滤壶又被称为压滤塞壶，可能依然是欧洲最常见的新鲜咖啡家用冲煮器具。它的用法和其他咖啡壶差不多，但多出了一根可向下推动滤网的压滤塞。咖啡液可以透过滤网，而所有不可溶解的细咖啡粉被慢慢挤压到壶底。法式压滤壶有时也被简称为法压壶，冲煮咖啡的方式是完全浸泡法，它妙就妙在大量保留了咖啡的醇厚感，而且便于控制。法压壶的缺点是咖啡不够干净，酸度也不如滤纸过滤冲煮法那么到位。

（一）历　史

　　1852年，马耶尔和德尔福热两位法国人在本国提交了"浸泡式咖啡壶"的专利申请，其特征是浸泡。这种咖啡壶可以让使用者明确决定何时该停止咖啡的浸泡，然后再清理咖啡残渣，因此能更好地控制咖啡风味的萃取。这种早期的法压壶无需持续的热源或其他工具设备，只靠自己就能轻松控制咖啡的浸泡和过滤。

　　遗憾的是，这种器具并不如图纸上那么美好。受到当时技术条件的限制，很难制造出一套完美紧贴壶壁又可活动的滤网。早期的法压壶本身很难用，做出的咖啡也很浑浊。但它所倡导的原理是没有任何问题的，因此其他咖啡壶纷纷效仿，有的用上了复杂的弹簧结构，有的把过滤和清除细粉这两个阶段合并了，后者和现代的新式法压壶非常相似。如今，最好的法压壶用的是贴合性橡胶垫圈尼龙滤网，这种从20世纪80年代开始采用的技术可以保证滤网和壶壁严丝合缝。

（二）使　用

　　耐心和轻柔地推压是使用法压壶的两大窍门。如果成品的底部有太多沉淀物，证明你的冲煮技术不到家，导致细咖啡粉顺着滤网的孔径流了出来。几乎所有的研磨机都以产生出细粉为己任，但除非在冲煮前先用茶滤网把咖啡粉筛一遍，否则细粉基本没法用到法压壶上。想要尽量控制沉淀物，除了撇去顶层的浮渣和轻轻推压滤网，倒出咖啡前还可以多静置几分钟。

如果沉淀物还是让你耿耿于怀，不妨用滤纸过滤冲煮好的咖啡，然后就可以尽情饮用了。当然，这么做会折损几分醇厚感，温度降低后，咖啡的香味也随之降低。但萃取率该是多少还是多少，关键是咖啡的干净度大大改善了。

（三）选购指南

（1）选择以贴合型滤网为产品卖点的法压壶。

（2）不锈钢壶体散失热量极快，双层壶体能好很多。

（3）尼龙滤网优于金属滤网。

（4）买小的壶，便于随身携带。

（5）买大壶却只加一半的水，这是很不好的习惯，因为壶身的材料会吸收冲煮用水的热量。

（四）用法压壶冲煮咖啡

制作量：2杯。

冲煮比例：1：15（66克粉：1升水）。

研磨粒度：粗粉。

★ 具体步骤如下：

（1）用热水预洗法压壶，然后把水倒掉。

（2）把法压壶放到电子秤上。

（3）研磨22克咖啡，加进法压壶内。

（4）注入330毫升热水并快速搅动。

（5）静置30秒。

（6）用勺子舀去冲煮用水顶部的橙色泡沫。

（7）盖上盖子，轻轻推压压滤塞，

法式压滤壶

如果感觉到阻力太大就慢一点，或者再等上几秒。

（8）完全压不动压滤塞以后，等待5分钟。

（9）先往杯里倒一点，接着倒满，保证不可溶解的颗粒均匀分布，即可饮用。壶里要留一点残液，不要全部倒出来。

三、土耳其壶

（一）历　史

自从阿拉伯人发现咖啡具有提神功效后，就开始将咖啡豆制成饮料，取代酒类。刚开始的时候是将咖啡豆研磨成粉，加糖放入水中一起煮，煮到冒泡泡之后便倒出来饮用。这种传统的煮法，目前在土耳其、希腊等地还很流行。

土耳其壶

土耳其咖啡壶称为"伊芙利克"，有着金色的环状外形，带着一只长柄，体积小巧，便于携带收藏。

如果不考虑像杯测那样把咖啡粉放进杯碗、用热水泡过就饮用的方法，土耳其咖啡壶就是最简单的咖啡冲煮器具，而且还是唯一一种完全不过滤咖啡的冲煮方法。

（二）使　用

君士坦丁堡人早期提到的咖啡冲煮器为铜质，壶通常很高，上窄下宽，壶嘴几乎就在壶顶，笔直的把手通常与壶身呈直角。土耳其人的设计传到欧洲后被复制、改良，在17、18世纪仍不断有新的改进品出现。

用这样的壶煮咖啡，先要等水煮沸，再放进咖啡粉，冲煮好之后迅速从火上拿起来，倒进杯中，大部分咖啡残渣就留在了壶里。少部分咖啡粉总会漏出去，随着壶里的咖啡被倒空，一堆咖啡渣总是个麻烦事。只要技术条件允许，土耳其人的解决之道就是尽可能把咖啡粉磨细，大多数咖啡渣能沉到壶底，但只要咖啡壶一不稳，它们就很容易从壶嘴流出去，最终的成品浓厚而浑浊，往往萃取过度。很明显，只有按土耳其人的习惯加糖、加调味料，这杯咖啡才能好喝。

（三）冲煮土耳其咖啡

★ 具体步骤如下：

（1）研磨30克咖啡，放入咖啡壶，按个人口味加糖。

（2）加入400毫升热水，如果需要加入2克豆蔻粉。

（3）不断搅拌直到糖完全溶解，在炉子上将壶里的食材和咖啡加热至沸腾。等到壶里的混合物开始冒泡，马上把它从火上拿起来，快速晃动壶身。

（4）把咖啡壶放回炉子，重复步骤（3）。

（5）第三次沸腾后，从火上拿起壶，但不要晃动。把咖啡倒入土耳其咖啡杯，几分钟后即可饮用。

四、手冲过滤式咖啡

分类应用过滤技术的历史已有上千年之久，古埃及坟墓里描绘的手冲式过滤装置更可远溯至公元前1500年。17世纪末，欧洲得到了稳定的咖啡供给，对咖啡的物理过滤可能从那时候起才出现。无论哪种形状、哪种形态，咖啡过滤器都是技术相当精妙的装置。过滤网通常由钢铁、尼龙、纸或布制成。

世界各地的人们对过滤式咖啡冲煮方法的分类有着不同的理解，大部分欧洲人直接把它看作黑咖啡的代名词。这也似乎合理，几乎所有黑咖啡冲煮方法或多或少需要过滤。本节所讲的过滤式咖啡适用于任何单纯依靠重力，使水从咖啡渗滤而过的冲煮类型。也就是说，不涉及浸泡、泵压、真空或按压等关键词，我们可以理解为手冲过滤式咖啡。

手冲过滤式咖啡通常是相当简单、干净的家用咖啡冲煮方法。你只需要固定过滤工具的容器，把咖啡放在它上面，下面再放好收集咖啡液的容器。冲煮用水在重力的作用下穿透过滤工具，在其底部形成咖啡液滴或细流。相比法压壶，这种制法对咖啡浸泡时间的控制难度极大，因此相对很难保持高质量的出品。冲煮咖啡时可以通过调整注水速度、咖啡使用量和研磨粒度等方法，控制咖啡的浸泡程度。

（一）手冲操作要点

过滤式冲煮最重要的是咖啡粉的润湿和被搅动的方式。手冲的手法涉及冲煮时间、冲煮温度和搅动程度等因素，因此能最终影响咖啡风味的萃取。可以选择一只手冲壶，它的水流连贯而可控，在闷蒸过程及余下的冲煮步骤中都能很好地均匀润湿咖啡。

往过滤工具里注水越多，受重力作用影响的咖啡液就滴落得越快。大水量还能迅速加热冲煮用具及其附近的冲煮用水，整体的冲煮温度就随之升高。比如说，如果没有预热操作，高导热系数的铝质材料会迅速吸收冲煮过程的热量。而塑料是热的不良导体，它可以让冲煮温度保持得相当稳定。反之，如果注水过慢，冲煮过程就很难达到合适的温度，温度不够就不能最大限度地萃取出咖啡的甜度，咖啡存留在过滤工具里过久还可能导致变苦或萃取过度。

（二）闷蒸要点

闷蒸是咖啡冲煮过程中相对比较有观赏性的环节之一。闷蒸多见于过滤式冲煮法，新鲜咖啡被热水第一次打湿时即开始发生。随着咖啡粉吸收水分，豆体和水里的碳酸盐双双释放出二氧化碳。闷蒸看上去就像是咖啡在古怪地打嗝，它促使咖啡层膨胀，非常新鲜的咖啡通常能在10秒内就胀大1倍。眼前的咖啡仿佛是活生生、会呼吸的实体，在视觉层面给人以相当的愉悦。除此之外，想要冲煮出一杯好咖啡，特别是手冲过滤式咖啡，闷蒸实际上是至关重要的环节。

　　二氧化碳从咖啡粉里释放出来后，在冲煮用水和咖啡粉之间形成一道向外施力的微障碍层。咖啡粉内那些美妙的可溶性物质在这些气体的阻拦下难以与水接触，因此只要给闷蒸一点点膨胀、沉淀的时间，本质上就是在大量注水之前赶走二氧化碳的过程。浸泡式冲煮法通常需要搅动咖啡和水的混合物，因此闷蒸是否对成品品质有真正的影响尚存疑问。过滤式冲煮法则不同，10～20秒的润粉过程可使咖啡粉层变得均匀，更能改善渗滤过程的萃取效果，因此是相当重要的步骤。

（三）滤布冲煮法

　　如果处理得当，滤布冲煮法可以做出相当好的咖啡，而与法压壶冲煮法相比，它的口感并没有逊色太多，更能避免法压壶里时常出现的浑浊咖啡粉。滤布虽然可以使用多次，但是使用寿命有限，而且冲煮的方式与金属和尼龙相比迥然不同。

　　1.滤布的历史

　　布制的咖啡过滤工具首次出现于约18世纪初。最早的设计有的是系在咖啡壶嘴的独立过滤袋，可以在咖啡粉掉出去的时候接住咖啡粉。有的是悬在咖啡壶边缘内侧的面部过滤袋，某种意义上看更像一个超大的挂茶包。当时荷兰语称为"beffelin"，即"比今"，意为渗流。带过滤布袋的比今壶如今日渐成为古玩市场的稀罕物。

滤布冲煮咖啡

咖啡细嘴壶

　　2.滤布的使用

　　风味十足的咖啡油可以通过滤布渗入杯中，这是滤布相较于滤纸的一大优点。而滤布的缺点是极易被细咖啡粉堵塞，因此很难清洗和保养。一旦滤布堵住，麻烦就来了：咖啡很难从堵塞的滤布中过滤出去，如果情况再严重点，甚至整个过滤的过程都被完全掐断，留存在里面的咖啡液就会萃取过度。同样，如果咖啡粉太粗，水流过的速度就太快，因此过滤式冲煮法永远要重视研磨粒度的问题。

3.用滤布法冲煮咖啡

制作量：1杯。

冲煮比例：1∶12（83克粉∶1升水）。

研磨粒度：细过滤式用粉。

★ 具体步骤如下：

（1）用大量热水清洗滤布。

（2）把咖啡杯放到电子秤上。

（3）研磨20克咖啡，放入滤布。

（4）电子秤归零，把滤布举在杯上，将50毫升，热水匀速注入咖啡粉，为了保证手冲的水流均匀而精确，使用有长长壶嘴的手冲壶。

（5）闷蒸30秒。

（6）从外向内再向外，以螺旋式手法将190毫升热水缓慢匀速注入咖啡粉，放慢或加快注水的速度可以控制咖啡渗滤的流速。

（7）等待所有的咖啡都滴下来，大概需要1～2分钟的时间。

（8）冷却4～5分钟后即可以饮用。这段时间你可以清洗滤布。

（四）滤纸冲煮法

1.历　史

咖啡革新者们早在17世纪就开始了对滤纸的探索。而包含滤纸的专利设计记录可以追溯到17世纪末。这些设计可能都不大奏效，因为木浆纸直到1843年才被发明出来，而只有这种纸才能满足抗湿强度、空隙率、粒子滞留和流速等诸多要求。

1885年，海因里希·伯恩克·赖西博士出版了《咖啡与生活的关系》，在书中，他仔细介绍了咖啡的各种制作方法，其中就包括滤纸的使用。滤纸能慢慢流行起来，部分是由于经济的原因，一个是滤纸的成本廉价，另一个是咖啡可以磨得更细，因此人们的咖啡用量也随之减少。现在看来还有一个原因是滤纸随身携带或拿到公司都不是什么问题。

1908年，滤纸过滤法的真正革新终于到来了。名叫梅利塔·本茨的德国家庭主妇发明了一种单杯式过滤装置，内里加入了盘状的滤纸。这种铝制的过滤杯操作简单效果又好，在德国的各大卖场被抢购一空。今天我们熟悉的圆锥形滤杯则是更晚的改进品，大约出现在20世纪30年代。

2.使　用

与滤布相同，滤纸能实现过滤的效果也应用了两种原理：体积过滤，即滤纸能拦住的颗粒；表面过滤，即陷入滤纸本身的颗粒。

咖啡成品干净是滤纸冲煮法数一数二的优点。滤纸冲煮法是放大咖啡甜度的好方法，但法压壶冲煮法所表现出来的醇厚感对它来说就勉为其难了。

今天的滤纸和滤杯品目众多，而它们的功能层面也不尽相同。例如卡利塔的滤杯在杯侧有棱状的突起、底部又平又大，均有助于减缓冲煮速度。也就是说，加进的咖啡量可以相对更少，却无需担心渗滤过快以及萃取不足的问题。著名的HARIO品牌的V60已成为全世界咖啡馆的必备产品，它配有尖头的圆锥形滤纸，滤杯底部的孔径极大。这种快冲式设计意味着你要么增加咖啡用量，要么把咖啡研磨得更细，否则咖啡粉层很难抵挡一发而不可收的萃取过程。

3.用滤纸冲煮咖啡

制作量：3杯。

漏纸冲煮咖啡

冲煮比例： 1∶15（66克粉∶1升水）。

研磨粒度： 过滤式用粉。

★ **具体步骤如下：**

（1）把滤纸放进滤杯，然后一起放在电子秤上。

（2）用大量热水润湿滤纸，否则做出的咖啡会有纸的味道。

（3）研磨32克咖啡，放入滤纸。

（4）电子秤归零，将500毫升热水匀速注入咖啡粉。

（5）闷蒸30秒，然后快速搅动。

（6）以螺旋式手法（确保咖啡粉被均匀润湿）将430毫升的热水缓慢匀速注入咖啡粉，达到滤纸3/4满以后保持相同的注水速度，让水始终位于同一高度，直到用尽手冲壶里的水。

（7）等待所有的咖啡滴下来，大概需要2～3分钟的时间。

（8）拿掉滤杯，冷却4～5分钟后即可饮用。

（五）可重复使用的过滤工具

我们今天大多使用一次性滤纸过滤咖啡，它干净、划算，做出的咖啡也相当好。不过，滤纸在200年前可不是随便就能买到的。想要做出品质稳定的咖啡，材料可重复使用，制作过程还要整洁干净，除了滤布这一解决方案，再就是金属过滤器。金属不会产生浪费，也绝不像滤纸那样会影响咖啡的风味，是相当方便的选择。

1.历　史

最早的金属过滤器起源于法国，名为德贝卢瓦滤壶。这种壶内嵌打孔滤板的普通咖啡壶，可以托住咖啡粉并让咖啡液流下去。

1887年，德国的阿恩特舍滤杯首次应用金属编织网，由此赢得1900年巴黎世界博览会的金牌。它就像一只野营马克杯，上面带盖，下面用一块平整的金属滤网盖着杯底的孔洞。

2.使　用

金属和尼龙滤网的缺点是过滤孔径通常不够小，这就带来了两大问题。其一是阻力不够，滤网越粗，物理阻挡能力越弱，冲煮用水就会很快流走，导致咖啡萃取不足。提高研磨精度可以克服萃取不足的问题，但细粉无法过滤又成为第二个头疼的事。如果咖啡颗粒比滤网的孔径还小，它自然就会流入杯中。如果过滤得好，咖啡充其量有点浑浊，最差的时候，就像喝了一嘴的沙子。咖啡用量加大可以减缓水在滤网中的渗滤速度，所以可以不用将咖啡研磨得太细。

3.使用金属或尼龙滤网冲煮咖啡

制作量：6杯。

冲煮比例：1∶15（66克粉∶1升水）。

研磨粒度：过滤式用粉。

★ **具体步骤如下：**

（1）研磨66克咖啡，放入滤网。准备好1升热水。

（2）把收集器具和滤网一起放在电子秤上。

（3）电子秤归零，将1升热水匀速倒入咖啡粉，闷蒸30秒，然后快速搅动。

（4）从外向内，以螺旋式手法继续将余下的热水缓慢匀速注入咖啡粉，确保咖啡粉被均匀润湿。继续以螺旋式手法注水，达到滤网3/4满以后保持相同的注水速度，让水始终位于同一高度，直到用尽所有的热水。

（5）等待所有的咖啡都滴下来，大概需要2～3分钟的时间。拿掉滤网，静置5分钟后倒出咖啡。

五、爱乐压

（一）历　史

爱乐比于2005年发布爱乐压，而这家公司还生产超快速飞盘。爱乐压外形低调，

金属过滤器冲煮咖啡

长得就像一只巨型注射器，很难说它是不是外观最不讨人喜欢的咖啡冲煮器具，但它的塑料结构提供了非常出色的冲煮控制自由度，而且兼顾耐用。

爱乐压是一件无心插柳的产品。它本来是廉价的浓缩咖啡制作替代用具，方便家用或携带。但事实证明，它是一种完全不同的咖啡冲煮方式。

爱乐压的过人之处在于它借鉴了两种冲煮模式的优点，即法压壶的控制自由度和滤纸法的干净出品，而可倒置的冲煮器则是它的创新之处。再加上便携性和低廉

爱乐压

的价格，很多人确实对它产生了兴趣。事实上，由于爱乐压的独特设计和操作方式，可能只有它敢说自己不在乎研磨粒度和冲煮时间，因为长时间加粗粉和短时间加细粉确实效果差不多。爱乐压在冲煮方面唯一的缺点是它只能做一人份的咖啡。

（二）使　用

使用爱乐压时，把咖啡倒进过滤底座连接的塑料大滤筒，即咖啡的冲煮腔。把滤筒放在杯子或类似的容器上，注水并搅拌，冲煮开始。把压筒压在滤筒上，即与环绕的橡胶垫圈形成了紧密的密封状态。轻轻下推压筒，增加圆筒内的压力，推动咖啡液渗出滤纸。待所有的液体渗滤完毕后，旋开塑料过滤底座，不仅简简单单就能把用过的咖啡饼推出来，爱乐压本身也奇迹般地变干净了。用完就能放回架子，这种方便程度可以吸引很多人。

爱乐压综合了浸泡式、过滤式和高压萃取等冲煮方法，因此，你可以在研磨粒度和冲煮时间方面大玩花样，从高萃取率的特浓咖啡到接近法压壶类型的出品，无所不能。爱乐压的另一大优点是塑料结构的隔热效果优于玻璃，也就是说萃取的温度可以保持得更稳。使用爱乐压一定

不要把咖啡粉磨得太细，因为下推压筒的时候，冲煮腔内会形成一个耐压系统，如果滤纸堵住了，你会发现能挤到杯子里的只有腔内的空气，这时候你就不得不用蛮力了。

爱乐压冲煮咖啡

如果需要制作多人份的咖啡，实际上其他的冲煮方法更方便合适。但你可以试试先做一份特浓的咖啡，然后兑水稀释成正常的浓度。往爱乐压的冲煮腔内加入30克的细过滤式用粉，注入240毫升的水，冲煮40分钟左右就是一份特浓的咖啡，再兑入200毫升的水就刚刚好。

可以购买爱乐压的细密金属滤网，冲煮出来的咖啡就更接近法压壶制法的风格。

（三）快速过滤冲煮法

制作量： 1杯。

冲煮比例： 1∶15（66克粉∶1升水）。

研磨粒度： 过滤式用粉。

★ **具体步骤如下：**

（1）把滤纸塞进爱乐压的滤碗，用热水冲洗。

（2）把滤碗扣在冲煮腔的底部，再把爱乐压放在马克杯等任意杯上，将之整体置于电子秤。

（3）称量16克咖啡，研磨后放入冲煮腔。

（4）电子秤归零，注入240毫升热水并搅拌，静置1分钟。

（5）快速搅动，插入压筒后立即开始下压，压到底大约需要20秒。冷却片刻后即可倒出饮用。

（四）倒置慢速冲煮法

制作量： 1杯。

冲煮比例： 1∶15（66克粉∶1升水）

研磨粒度： 粗粉。

★ 具体步骤如下：

（1）把滤纸塞进爱乐压的滤碗，用热水冲洗。

（2）将爱乐压上下颠倒，把压筒从下方插进滤筒10毫米左右的位置，使垫圈稳固。

（3）把倒置的爱乐压放在电子秤上，准备往冲煮腔内加入水和咖啡。

（4）称量16克咖啡，研磨后放入冲煮腔。

（5）电子秤归零，注入240毫升热水并搅动。

（6）静置3分钟，然后简单搅动几下，扣上滤碗。

（7）翻转爱乐压，轻轻把液体挤进玻璃容器，整个过程不应超过20秒。

（8）将咖啡倒入杯中，冷却片刻后即可饮用。

六、聪明杯

（一）结　构

这种滴滤杯的造型和圆锥形塑料滤杯很像，而它的最大优点是杯底的旋塞可以控制咖啡从杯中滴落的时机。它同时结合了两大冲煮法的优势：滤纸过滤法的干净，法压壶或爱乐压由于完全浸泡而带来的控制自由度。虽然无法避免滤纸导致的醇厚感缺失等问题，但聪明杯可以让你用

聪明杯

更粗一点的咖啡粉，冲煮的时间可能再长一点，所以多多少少还是能增加对杯中成品的把控力。

聪明杯由塑料制成，配有盖子，因此可以给浸泡时的冲煮用水保温。把聪明杯放到玻璃容器上就可以打开旋钮，但在此之前一定要确认滴滤杯是水平的。聪明杯用的是标准3/4杯滤式平底滤纸。

（二）使　用

以普通手冲式为代表的重力过滤法非常看重闷蒸的过程，否则水一进去就会飞快流走，造成萃取不足。而聪明杯完全无须费心去闷蒸，因为注入的水就留在了滤杯里，你还可以手动搅动，给咖啡足够长的浸泡时间。

聪明杯的使用方法因人而异。你可以按照传统滤纸法，让咖啡浸润完就马上滴下来，也可以参考法压壶的制法，让咖啡多泡上几分钟。

（三）用聪明杯冲煮咖啡

制作量： 3杯。

冲煮比例： 1∶15（66克粉∶1升水）。

研磨粒度： 粗过滤式用粉。

★　**具体步骤如下：**

（1）把滤纸放入聪明杯；

（2）用大量热水润湿滤纸，打开旋塞排水；

（3）研磨24克咖啡，放入滤纸；

（4）把聪明杯放到电子秤上，归零，将400毫升热水稳定地注入咖啡粉。

（5）等待30秒后，快速搅拌。

（6）再等待90秒后，快速搅动。把聪明杯放到玻璃容器上就能自动打开旋塞供咖啡渗流下来。

（7）渗流过程结束后拿掉聪明杯，静置2分钟后即可饮用。

七、冰滴咖啡

相比于热煮咖啡，冰滴制法对风味化合物萃取的影响稍有不同，品饮冰滴咖啡时，我们会被诸多明显的咖啡原味特性所吸引。有些人对冰滴咖啡冲煮过程中受热不足导致的酸度缺失不大满意，但冰滴咖啡的剑走偏锋确实能呈现出胜于热煮咖啡的表现。

大多数冰滴咖啡制法借助于传统的过滤式手段，重力作用随时间慢慢把咖啡从滤纸、滤布或金属滤网上拽下来。这里所说的时间相当

冰滴咖啡

长，通常不少于12小时。热煮咖啡的萃取率与温度成正比。低温意味着能量低，简单说，一切反应都会变慢。冰滴咖啡之名没有任何夸张，它确实由一滴一滴的咖啡汇集而成。你可以使用压壶或爱乐压等无须依靠热量而操作的冰滴咖啡制法。制好的冰滴咖啡可密封保存于冰箱至少1周的时间，煮热喝还是加冰喝就看你的喜好了。

如今出现的几种可制作冰滴咖啡的设备，但它们的工作原理大致是相同的：底部是咖啡液滴的收集器具，中部是存放过滤器装置和咖啡粉的腔室，顶部装水，用阀门控制滴入中腔的速度。

（一）冰压制法

用奶油发泡器（奶油枪）制作冰滴咖啡颇有些现代感。事实证明拿奶油枪萃取咖啡成分的风味相当好用。奶油枪用法和普通的浸泡式冲煮器差不多，都要把咖啡和冷水按相当的比例装进去封闭装置，再充入1～2颗压缩一氧化氮气弹。这种气体本身无味，但它对咖啡和冷水施加的物理作用却引发了咖啡风味爱好者的极大兴趣。

根据计算，一支标准的500毫升奶油发泡器在半满时充入2颗8克一氧化氮气弹，其产生的压力接近11帕，这一数字甚至比意式咖啡机的

压力（9帕）还要高。但并不是说只要研磨粒度符合，就能用它做浓缩咖啡了。如此高压的目的在于其初次与液体接触时所释放出的力量能够打透咖啡粉，从而实现相对更完整的次萃取。容器首次增压后，空气间层，液体和咖啡会设法达到平衡。根据溶解的搅动情况不同，这三大成分达到受压均匀的时间也有差异。在如此大的压力之下，一氧化氮不仅能融入冲煮用水，甚至还会钻进咖啡本身的坚实空隙，使二者逐渐变成高度受压的材料。当气体迅速从装置内释放时，咖啡和冰随之快速减压。在极短的一段时间内，咖啡的压力瞬间高于冲煮用水，因此开始膨胀爆裂，这非常有助于风味的萃取。猛烈的减压过程掰断了咖啡的细胞层，使其表面积变大，露出潜藏的挥发物萃取点。这一过程称为氮气空穴效应，而该技术应用于咖啡颗粒的提取已有3年左右，无论冷制还是热煮，它都是激发咖啡美味潜力的最佳方案之一。

（二）用冰滴滴滤法制作咖啡

配方制作的浓缩咖啡可稀释或冰冻饮用。

冲煮比例： 1∶5（200克粉∶1升水）。

研磨粒度： 细过滤式用粉。

★ 具体步骤如下：

（1）把冲煮器放到电子秤上。

（2）研磨100克咖啡，放入冰滴咖啡壶。

（3）如果需要热闷咖啡，将电子秤归零，将180毫升热水注入咖啡粉，搅动咖啡粉。

（4）组装好顶部的腔室，电子秤归零，注入500毫升水，如果按照步骤3做了热闷，此时注入320毫升水即可。

（5）调整阀门，保持1秒钟一滴的速率。

（6）制作过程大约需要12～14小时。

（7）把做好的咖啡放入冰箱冷藏，可按咖啡与水1∶2的比例稀释饮用，或者加冰饮用。

（三）玩转冰滴浓咖啡

如果稀释得当，冰咖啡会非常好喝。如果觉得口味有些单调，可以挤点柠檬汁来增加酸度。也试试加冰的同时再加点龙舌兰糖浆，增加甜味。如果加点低脂乳脂，就会呈现出美味的冰拿铁的口感。开一瓶黑朗姆酒或金朗姆酒与咖啡搭配，将会是美味的餐后饮品，且能在冰箱里保存1周以上。

知识拓展

奶油枪

奶油枪即奶油发泡器，用于专业制作各式冰、热花式咖啡。操作简单方便，只需冷藏即可最大限度地保持奶油的新鲜度。

使用方法：

（1）打开盖子倒入液态鲜奶油，不超过发泡器容量的一半，锁紧。

（2）拧开奶油枪上的气弹装置口，快速将气弹插入拧紧，然后上下快速摇混，多摇几下。

（3）最后套上花式喷嘴就可以拉出不同的款式。

奶油发泡器

手动奶泡钢杯

手动奶泡钢杯由奶杯、盖子、打奶滤网三部分组成。

使用时往杯里倒入加热过温度约为60摄氏度新鲜牛奶，分量不超过奶杯1/2，否则制作奶泡时牛奶会因为膨胀而溢出来。如果制作的是冰奶泡则将牛奶冷藏至5摄氏度左右。

将盖子与打奶滤网盖上，拉动打奶器的把柄把空气压下，然后快速抽动滤网将空气压入牛奶中，抽动的时候不需要压到

手动奶泡钢杯

底，因为是要将空气打入牛奶中，所以只要在牛奶表面抽动即可，次数也不需要太多，达到需要的奶泡量就可以了。

拉花奶缸的选择

拉花奶缸品种繁多，风格迥异，从缸嘴结构细分为长嘴、尖嘴和圆嘴。一般而言，咖啡师根据不同嘴型的拉花奶缸，选择创作不同风格的咖啡拉花作品。

一般来说，圆嘴型拉花奶缸适合制作心形、郁金香等花形。尖嘴型拉花奶缸适合制作叶形和压纹等花形。

拉花奶缸

拉花模具

用来制作各种形状的花式咖啡。

只需选取合适的模具，加上巧克力粉，轻轻一扭，咖啡图案就做好了。

拉花模具

常见咖啡饮品的制作

　　咖啡本身，作为咖啡饮品永恒的元素，在无数的创新配方中发挥着作用。饮用咖啡已经成为咖啡豆忠实爱好者的一种生活方式。

　　咖啡革命将我们的激情融入生活乐趣之中，同时又带给我们愉悦的慵懒感觉——一种无事可做的闲适。

　　人们往往需要给自己一个放松的借口——"我应该享受一下了！"然后去品上一杯极品咖啡。

一、Espresso意式浓缩咖啡

（一）材　料

（1）意式咖啡机。

（2）拼配咖啡豆。

（3）标准Espresso杯。

（二）制作方法

（1）用7克意式咖啡、意式咖啡机（必须满足88～92摄氏度的水、8～10帕的水压、0.8～1.2帕的气压），在20～30秒内制作出20～30毫升、表面呈榛子色或浅褐色且能反射出光泽、具有持久度和厚度的油脂（cream）的咖啡。

（2）在饮用时可以加糖，但不要加奶，配冰水。

二、Americano美式咖啡

（一）材　料

（1）意式咖啡机.

（2）开水。

（3）一份特浓咖啡。

（4）美式咖啡杯。

（5）糖包。

（6）牛奶。

（二）制作方法

（1）在杯中加入热水至七分满。

（2）注入特浓咖啡倒入杯中。

（此咖啡饮用时不需考量咖啡表面的油脂厚度和颜色）

三、Cappuccino卡布其诺

（一）材　料

（1）意式咖啡机。

（2）Espresso。

（3）牛奶。

（4）卡布其诺杯。

（5）糖包。

（二）制作方法

（1）在卡布奇诺杯中注入1杯标准的Espresso。

（2）将适量冷藏鲜牛奶倒入不锈钢杯中，用蒸汽将奶打成绵密的奶泡状。

（3）在底料Espresso上拉出花形。也可以不拉花，将奶沫铺在咖啡上，再注入牛奶，加上其他装饰。

四、Coffee　Latte拿铁

（一）材　料

（1）意式咖啡机。

（2）Espresso。

（3）牛奶。

（4）拿铁杯。

（5）糖包。

（二）制作方法

（1）将牛奶打成奶末并注入拿铁杯（牛奶3/5，奶沫1/5）。

（2）将制作好的双份特浓咖啡从杯中心轻轻注入并形成分层。

（3）将所剩浓缩咖啡依圆圈方向滴5滴，并以牙签画心形，中间以咖啡豆点缀即可。

　★　注意：

（1）Latte的特点就是牛奶的味道要比咖啡的味道重，一般的拿铁咖啡的成分是1/3的意式浓缩咖啡Espresso加2/3的鲜奶。

（2）温杯，牛奶注入拿铁杯后需静置待其分层，烫奶缸，出品Espresso，缓慢注入双份特浓咖啡，牛奶中加入适量的焦糖分层会更加容易。

（3）如果做其他口味的拿铁，如香草拿铁，就在咖啡底料中放入香草糖浆，注意点如前。

（4）欧蕾咖啡的特点就是它要求牛奶和浓缩咖啡一同注入杯中；拿轶是意大利式的牛奶咖啡，以机器蒸汽的方式来蒸热牛奶。而欧蕾则是法式咖啡，他们用火将牛奶煮热，口感都是一派的温润滑美。不分层的拿铁一般不加入奶泡，它与卡布奇诺相比，有更多鲜奶味道。

五、Caramel　Macchiato焦糖玛琪朵

（一）材　料

（1）浓缩咖啡。

（2）鲜牛奶。

（3）焦糖酱。

（二）制作方法

（1）用7克意式咖啡萃取约30毫升浓缩咖啡，倒入咖啡杯中。

（2）将鲜牛奶倒入发泡钢杯中，用咖啡机蒸汽管加热，并使其发泡。

（3）用汤匙盛起奶泡，覆盖在咖啡表面，并挤上焦糖作装饰即可。

六、Coffee　Mocha咖啡摩卡

（一）材　料

（1）意式咖啡机。

（2）浓缩咖啡。

（3）摩卡咖啡杯。

（4）巧克力酱。

（二）制作方法

（1）将制作好的双份特浓咖啡（此处双份的量仅仅取决于摩卡杯的容量，不同的杯具取量不同，300毫升摩卡杯需要双份浓缩咖啡）注入摩卡杯中（可在杯子的底部加入适量的巧克力酱）。

（2）将牛奶打成奶沫并注入咖啡中心部位至九成满，只是咖啡中心位置为白色。

（3）用咖啡勺将奶末沿杯口铺1厘米宽的环形白色牛奶带。

（4）将巧克力沿咖啡中心白色部分边沿和牛奶带边沿画圆圈。

（5）用拉花工具从咖啡中心向外划，并间隔从外往中心划出形状。

七、Rose Iced Coffee玫瑰冰咖啡

（一）材　料

（1）意式咖啡机。

（2）浓缩咖啡。

（3）牛奶。

（4）冰咖啡杯。

（5）雪克壶2个。

（6）玫瑰酱。

（7）Café-fos原味糖。

（8）可食用新鲜玫瑰花及叶。

（二）制作方法

（1）雪克壶中装入6～8块冰块，倒入适量冰牛奶、适量玫瑰酱、双份特浓咖啡，急速摇动。

（2）将摇动后的混合液连同玫瑰酱倒入冰咖啡杯中至杯满。

（3）另一雪克壶中装入3～4块冰块，倒入牛奶没过冰块即可，急速大力摇动。

（4）将摇匀的洁白奶沫铺于（2）的表面，将两瓣新鲜玫瑰花和绿叶装饰于杯边即可。

八、豆奶咖啡

（一）材　料

（1）浓缩咖啡。

（2）低糖豆浆。

（3）香草果露。

（4）鲜牛奶。

（二）制作方法

（1）用意式咖啡机萃取约30毫升浓缩咖啡。

（2）将低糖豆浆和香草果露放入发泡钢杯中，用咖啡机蒸汽管加热至65摄氏度。

（3）依次将豆浆香草果露混合液和浓缩咖啡倒入咖啡杯中。

（4）取适量的鲜牛奶，将其打发。将奶泡铺在咖啡上，并做成花形装饰。

九、爱尔兰咖啡

（一）材 料

（1）现煮黑咖啡。

（2）咖啡方糖。

（3）爱尔兰威士忌。

（4）发泡奶油。

（5）忌廉、巧克力粉或巧克力。

（二）制作方法

（1）将爱尔兰威士忌和咖啡方糖倒入爱尔兰咖啡专用炉加热，用小火加热并顺时针转动杯子，使爱尔兰咖啡杯受热均匀，待酒精成分发挥后，倒入较浓的热咖啡与爱尔兰威士忌混合。

（2）把咖啡注入杯中至第二条线。

（3）撒少许巧克力粉或巧克力在咖啡表面作装饰，一杯爱尔兰咖啡就完成了。

十、希神咖啡

（一）材 料

（1）略微深焙的咖啡。

（2）意大利甜酒。

（3）白兰地。

（4）姜粉少许。

（5）方糖。

（二）制作方法

（1）杯里倒入咖啡、意大利甜酒、白兰地，撒上姜粉。

（2）茶匙架在杯上，上面放一块方糖，倒入烫热的白兰地，然后点火。

（3）火熄灭后，用上面的茶匙轻轻搅拌即可。

（希神为"长生不老"之意，该咖啡的味道比豪华咖啡更加醇厚。）

十一、欧蕾冰咖啡

（一）材 料

（1）意式咖啡机。

（2）糖包。

（3）鲜奶油或鲜奶。

（二）制作方法

（1）用意式咖啡机萃取浓缩咖啡。

（2）先加入适当的糖融于浓缩咖啡中，然后准备2个玻璃杯，并装满冰块。

（3）将事先冲泡好的浓缩咖啡徐徐倒入玻璃杯并搅拌均匀。

（4）依照个人的喜好程度慢慢加入鲜奶（鲜奶油也可以），即可享用一杯清凉香醇的欧蕾冰咖啡了。

十二、绿茶咖啡

（一）材　料

（1）意式咖啡机。

（2）浓咖啡。

（3）糖包。

（4）鲜奶油适量。

（5）抹茶粉少许。

（二）制作方法

（1）制作浓咖啡1杯。

（2）上面旋转加入一层鲜奶油。

（3）撒上少许绿茶粉末，附上糖包即可饮用。

知识拓展

几种风味糖浆的制作方法

糖浆带来了咖啡味道的细微变化，创新和制作风味糖浆，给我们带来了无穷的享用咖啡的感受和全新的味道体验。一般而言，适合调制咖啡的糖浆口味包括：香草、榛仁、摩卡、巴伐利亚巧克力、爱尔兰奶油、杏仁、白巧克力、巧克力薄荷、焦糖奶油、姜饼、提拉米苏和英式太妃糖等。有时也可尝试一些水果口味，例如橙子和覆盆子等。

1.单糖糖浆

（1）将等量的糖和水放在平底深锅中用文火煮大约5分钟，直到糖完全融化。

（2）不停地搅拌，注意不要让水沸腾。

（3）将完全冷却的糖浆倒入密封罐，然后放在冷藏室中保存。一般可以保存最多1个月。

> 注：在许多意式浓缩咖啡、咖啡鸡尾酒、冰咖啡饮品和甜品的配方中，人们都将这种材料称为单糖糖浆。它还有其他的名字，例如，砂糖糖浆和枫糖糖浆。

2.意式浓缩咖啡糖浆

材料：165克砂糖/香草糖、60毫升水、113毫升现煮的意式浓缩咖啡我们可以自己制作香草糖。清洗1根香草荚并晾干，然后将它放在一个装满砂糖的容器中央，容器的容量大约为1.5升。盖上容器的盖子，放置2周左右，香草糖就制成了。它具有香草特有的香气和味道，可以用来烘焙食物、制作咖啡，或充当甜味剂。

（1）将砂糖/香草糖和水放在平底深锅中，煮开，然后调至文火煮5分钟。

（2）将平底锅从文火上移开，冷却1分钟。

（3）倒入现煮意式浓缩咖啡，搅拌均匀，意式浓缩咖啡糖浆就做好了。

（4）在使用前，将糖浆静置30分钟。

（5）做好的糖浆可以倒入密封罐中，然后放在冷藏室中保存。它可以保存几周。

> 注：向热咖啡饮品中添加风味糖浆之前，糖浆需要和热的而不是冷的意式浓缩咖啡或者普通咖啡混合，然后搅拌均匀。这样才能够使二者的味道很好地融合在一起。

3.巧克力糖浆

材料：330克砂糖、220克筛过的无糖可可粉、一小撮盐、250毫升水、10毫升香草精（注：不喜欢香草精，可以换成香草糖）。

（1）将糖、筛过的可可粉和盐放入平底深锅中，搅拌均匀。

（2）慢慢倒入清水，用打蛋器搅拌（不是搅打）混合物。

（3）将平底锅放在中火上加热，继续用打蛋器搅拌，直到锅内混合物煮开。它的上面会形成一层泡沫。

（4）煮3分钟即可，在这期间要用打蛋器不停地搅拌。如果马上要煮沸，就将火调小。

（5）将平底锅从火上移开，把混合物倒入隔热的量杯中，自然冷却，不要加盖盖子，然后放在冷藏室中冷藏，直至完全冷却。

（6）使用漏斗将混合物倒入能盛放625毫升咖啡的容器中，加入香草精，搅拌均匀。

（7）将容器密封好，放在冷藏室中储存，最多可以保存大约2周。

> 注：如果希望糖浆的味道更加浓烈的话，可以将4克橙皮碎和2克肉桂粉加到可可粉中。

制作发泡奶油小建议

为了获得最好的效果和最多的发泡奶油，一定要先将碗和搅拌器冷却，并且确保奶油(乳脂含量为35%)在打发前也是冷却的。

如果使用电动搅拌器，要使用中速直到奶油开始变浓厚。然后降低速度，仔细观察。

无论是手工搅拌还是使用搅拌机中速搅拌，奶油都会逐渐形成柔软的山峰，这个阶段奶油会从搅拌器上掉下来，加入糖、香草糖或其他的调味品。

在中度山峰阶段，奶油能停留在搅拌器上，不过其形成的柔软的山峰会下垂，奶油会形成自己的形状。

不要打发过度。就像打发蛋清那样，搅拌奶油时会出现打发过度的现象。过度打发的奶油看起来呈现颗粒状，甚至会结块。如果继续打发，奶油就会变成黄油。

发泡奶油应当马上使用。为了使奶油长时间保持稳定的形状，可以加入如奥特科尔那样的稳定剂，或者不加入砂糖而加入糖粉，糖粉含有3%的玉米淀粉，有助于发泡奶油保持稳定的形状。

※发泡奶油可以提前4小时准备。做好后盖上盖子，使之冷却。

※快速、方便、简单的打发奶油的方法是使用发泡奶油器，它可以省去使用搅拌器的麻烦，前面已经讲过了奶油枪的使用方法。

风味奶油的制作

1.香草发泡奶油

材料：奶油500毫升、香草糖43克。

制作方法：

（1）用电动搅拌器中速打发奶油，直到其形成柔软的山峰形状。

（2）加入香草糖，每次加入14克。

（3）不要过度打发。

（4）马上使用，或者放在冷藏室中保存最多4个小时。

2.意式浓缩咖啡发泡奶油

材料：奶油250毫升、黄糖43克、香草精5毫升、速溶意式浓缩咖啡粉3克。

制作方法：

（1）将所有材料放在中等大小的冰镇的碗中搅拌，直到其形成柔软的山峰形状。

（2）马上使用，或者放在冷藏室中保存。

3.巧克力发泡奶油

材料：奶油250毫升、糖粉43克、半甜可可粉28克、可可甜利口酒/可可甜酒糖浆2毫升。

制作方法：

（1）将奶油倒入冰镇的碗中，搅拌均匀，直到其形成柔软的山峰形状。

（2）加入糖粉和半甜可可粉，每次加入15毫升，继续搅拌。

（3）加入可可甜酒糖浆河可甜利口酒，继续搅拌。

（4）在使用前冷却30分钟。

4.肉桂发泡奶油

材料：奶油250毫升、糖粉43克、肉桂粉3克、可可甜利口酒2毫升/可可甜酒糖浆。

制作方法：

（1）将所有材料倒入冰镇的碗中，搅拌均匀，直到其形成柔软的山峰形状。

（2）冷却后，马上使用。

5.豆奶发泡奶油

材料：豆奶60毫升、植物油125毫升、天然枫树糖浆15毫升、香草精2毫升。

制作方法：

（1）将豆奶和60毫升植物油放入搅拌器中，一边高速搅拌，一边慢慢地加入剩下的植物油。

（2）加入天然枫树糖浆和香草精，如果需要的话，再加入一些植物油。

（3）马上将混合物倒在咖啡上，或者用它来装饰你最喜爱的甜品。

从事咖啡服务

越来越多的人走进咖啡馆，端起这杯带有深刻文化烙印的褐色饮品，不仅品尝咖啡的质量，咖啡馆开放式的操作空间和消费空间融为一体，训练有素和优质的服务会给一杯精品咖啡增加品饮的氛围和乐趣。

一、咖啡厅接待前准备

（一）仪容仪表

1.仪容仪表

①时刻保持头发干净整洁，并涂有适量摩丝；②不留怪异发型；③头发看起来不可过分油腻；④头发颜色自然；⑤头发梳理整齐；⑥头发不可超过眉毛。

2.男服务员仪的要求

（1）头发：①头发不可超过耳朵或衣领；②不留鬓角；③头发不遮住脸部。

（2）面部：①头发不可超过耳朵或衣领；②不留胡须。

3.女服务员仪表的要求

（1）头发：①头发超过肩膀，用发网扎起；②不允许使用除黑色以外其他颜色的发夹。

（2）面部：①淡妆；②合适的口红颜色。

4.制服

（1）合身。

（2）熨烫平整。

（3）干净整洁。

5.鞋子

（1）男士只允许穿黑色袜子。

（2）女员工穿统一发放的丝袜，并且保证丝袜无破洞、无抽丝。

（3）工鞋光亮，完好。

6.指甲

（1）指甲干净，修剪整齐。

（2）不允许涂指甲油，包括无色透明指甲油。

7.饰物

（1）不允许佩戴耀眼的首饰。

（2）只允许佩戴结婚戒指。

（3）不允许佩戴胸针、手镯、脚链、嘴/鼻保环。

（4）女员工每只耳朵只能佩戴一枚耳钉。

（二）个人卫生

（1）每天必须洗澡。

（2）不能使用有刺激气味的美容美发化妆品。

（3）工作前不允许吃蒜、大葱及某些刺激性气味较强的食品。

（4）保持指甲干净、整齐，无污物。

（5）饭前便后及接触饮品、食物前要洗手。

（6）鼻毛不可露出鼻孔外。

二、服务流程

（一）欢迎客人（领位）

（1）打开大门，立于领位台内。

（2）见到客人走至2米外后，走出领位台，左手握水单。

（3）向客人微笑，打招呼，如是常客，则以某某先生/小姐称呼。

（二）询问预订：询问客人是否预订

（1）预订：接受预订时，问清楚客人姓名、订座人数、就餐时间、联系方式和客人的特殊要求。

（2）如客人已预订，带其到事先已订好的桌前。

（3）如客人未预订，按客人要求和人数带入相应的餐桌。

（4）询问客人是否吸烟，并分别带入吸烟区或非吸烟区。

（5）询问客人有否其他爱好，如靠窗或角落位置。

（三）引导入座

（1）将客人引领到他们满意的座位上，为女士拉椅，等其入座后，将椅子推入。

（2）走近客人，面带微笑，目光接触客人，站于客人右侧，恭敬地向客人递上清洁的水单。

（3）倒退两步，转身离开，迅速回到领位台。

（四）厅面服务员倒冰水（冬季可选用温水）

（1）立于客人右侧。

（2）用左手轻轻拿起水杯。

（3）将水往水杯中间倒，以示对客人的尊重。

（4）将水倒八分满。

（5）轻轻放置客人右手边，面带微笑，请客人先喝水等候。

（五）听取点单

（1）取"Order单"（一式三联），填写桌号、人数、服务员姓名。

（2）第一单为留底单。

（3）等待客人点单时面向宾客，站在客人右侧，保持适当距离，稍弯腰，手中拿着订单和笔，神情专注。留意客人的细小要求，如"不加糖""一定要冰"等等，一定要尊重客人的意见，严格按照客人的要求去做，耐心等待宾客的吩咐，仔细地听清，完整的记牢宾客提出的各项要求。

（4）填写完咖啡名称及数量后重复客人所点内容，得到客人认可后，倒退离开客人席位。

（5）回到吧台，把点单交于收款员，由收款员签字。

（6）持第二联至吧台拿取咖啡。

（7）把第三联交给收款员。

三、托盘技巧

（1）手掌向上，五指自然伸开，掌心微凹，托着托盘底部的中央位置。后臂垂直，前臂、手腕、手掌成一直线（平面），与后臂成90度。托盘的高度可自行调节以达到自己最舒服、最省力的位置上。

（2）圆托的边沿某一点可触放手腕上以达到更省力的效果。

（3）托盘的物品摆放原则上遵循：①内高外矮；②内满外空；③内重外轻。

（4）糖盅内放白糖包、黄糖包、健康糖包，奶盅内倒1/2奶。

（5）上咖啡时，不能背向客人，需转身拿取背后托盘中物品时，应侧身拿取。

（6）将糖缸'奶缸置于餐桌中间。

（7）右手拿咖啡底碟，上放咖啡杯，咖啡勺匙平置于咖啡杯前，咖啡勺把与杯把顺同一方向，从客人右手边放于客人两手之间，杯把置于客人右手方向。

（8）在客人面前调制咖啡时，要讲究操作举止雅观、态度的认真和器皿的清洁，不能举止随便、敷衍了事、使用不洁的器皿。

（9）应从客人的右侧上饮料。如实际情况不便时，也可从左侧上，但这时需主动向宾客打个招呼以引起客人的注意，如"对不起，从您这儿上了""抱歉""打扰了"等。

（10）在客人面前发咖啡时，要平、稳、轻地送到客人面前，对背向坐的客人，上咖啡时要招呼一声，以免咖啡不慎碰及打翻。

（11）服务时一定要明确为客人服务的顺序：先宾后主、先女后男、先老后少、先主后次。

（12）在服务中，如有客人欲与交谈，要注意适当、适量，不能滔滔不绝，让客人欲罢不能，喧宾夺主，也不能忘乎所以，乱发议论，更不能影响本职工作，更不能因与客人交谈而忽视其他客人。

（13）与客人交谈的话题要有所选择，不要议论他人是非，尽量聆听，不与客人争辩，更不要不懂装懂。

（14）工作中，要注意自己站立的姿势和位置，不要与同事聊天或阅读报纸。

（15）饮品制作好后，如需品尝，需蹲下低于吧台高度，不得当客人面与前台饮食。

（16）宾客之间谈话，不能侧耳细听，在客人低声交谈或情侣窃窃私语时应主动回避，更不可随便插话。

（17）随时关注餐台，更换空杯、烟缸等，认真观察客人有无招呼，不可让客人大呼"服务员"！当客人招呼时，需面带微笑稳重上前询问。

四、更换烟灰缸

（1）烟灰缸内不能超过2个烟头，或烟灰缸内有许多杂物。

（2）左手托着托盘，托盘上放置干净的烟灰缸。

（3）站于客人右边，用右手将干净的烟灰缸放在脏的烟灰缸上面。

（4）同时拿起两个烟灰缸到托盘上，将干净的烟灰缸放回到台面上。

五、为客人提供结账服务

（1）客人示意结账时，要用小托盘将收银夹夹好的账单递到买单人面前，请客人查核款项有无出入。

（2）在找收现金时，尽量当着其他人面"唱收"，避免发生纠纷或误会。

（3）客人事先有交代相关付款情况，必须遵从客人要求。

（4）要掌握客人自尊心理，什么时候该大声报账，什么时候又该低声"唱收"。

（5）如客人刷卡付费，问清是否有密码，如有，就礼貌请求客人输入密码，在客人输密码时，不可紧盯反而要尽可能回避。

（6）买单完毕，付给客人消费发票，并致谢。

六、送客

（1）为客人拉椅。

（2）与客人告别，欢迎客人再次光临。

七、收台

（1）客人用完咖啡离开餐台，15秒内检查桌面、桌底以及周围是否有遗留物品。

（2）推椅、收西装套、餐巾，留一条餐巾在台面备用，如有Baby凳要擦干净再搬走。

（3）如桌布已脏，需换干净桌布。

（4）拍椅子，扫地。

（5）用干净双色布抹净台面、台边。

（6）桌面清理完毕，摆好餐椅，等待客人。

知识拓展

世界百瑞斯塔（咖啡师）大赛

世界百瑞斯塔（咖啡师）大赛（World Barista Championship，WBC），每年由世界咖啡协会（WCE）承办的卓越的国际咖啡大赛。大赛宗旨是推出高品质的咖啡，促进咖啡师职业化。一年一度的（咖啡师）大赛吸引了世界各地的观众，把全球当地和地区的大赛推向了高潮。

每一年，超过50多个国家的冠军代表，将在美妙的15分钟音乐声中以严格的标准做出4杯意式浓缩咖啡，4杯卡布奇诺，和4种特色饮品。

来自世界各地的WCE评委将对每个作品的口感、洁净度、创造力，技能和整体表现做出评判（打分）。广受欢迎的特色饮品，通过咖啡师施展他们的想象力和丰富的咖啡知识，把他们独特口味和经验呈现在评委面前。

从第一轮比赛中胜出的12名选手将晋级半决赛，半决赛胜出的6名选手将晋级决赛，决赛胜出者将成为（年度）世界百瑞斯塔（咖啡师）大赛冠军！

Barista（百瑞斯塔）原为意大利语，是对咖啡吧台师傅的专业称呼。随着精品咖啡的推广和国际性大赛（如WBC）的举办，这份工作的专业度也随之提升。

星巴克创业简史

走进星巴克，你总能买到世界上最出色的咖啡。而1971年时，要想喝到星巴克咖啡，你只有去西雅图才行，因为我们当时只在位于西雅图的派克市场建有一家店铺。

20世纪70年代

首家星巴克咖啡店开张。店名来源于赫尔曼·麦尔维尔所创作的小说《大白鲸》，该部作品描述19世纪的捕鲸故事。对于一家引进世界上最优质咖啡，供给那些饱受寒冷海风侵袭、渴不可耐的西雅图人的店铺来说，"星巴克"这一带有海洋渔业特征的名称真是非常的贴切。

20世纪80年代

霍华德·舒尔茨于1982年加入星巴克。有一次，他去意大利出差，他参观了米兰一些著名的意式咖啡馆，这些咖啡馆的生意之兴隆、文化意蕴之丰富给舒尔茨先生留下了深刻的印象，他也从中看出了在西雅图开办这种形式咖啡馆的潜在商机。事实证明他对了——当品尝了拿铁和摩卡之后，西雅图人很快就迷恋上了咖啡。

20世纪90年代

星巴克没有将自己的领地范围局限在西雅图一市。它先是在美国的其他地区开花，接着又走向了整个世界。其后，星巴克又率先向自己的兼职员工提供本公司股票的买卖权，成为公开上市交易的企业。

21世纪

星巴克的奇迹还在继续，到书写这则信息的时候，星巴克公司已经在30多个国家开设了9000多家连锁店。除出色的咖啡以及浓缩咖啡饮料之外，人们还可以在星巴克享受到泰舒茶和星冰乐饮料。

附：有用的咖啡学习网址

中国咖啡网：http://www.kafeipp.com/

咖啡沙龙网：http://coffeesalon.com/portal.php

中国咖啡供应商网：http://www.chinacoffee.net.cn/

中国咖啡信息网：http://www.coffeeinfo.com.cn/php/index.php

中国咖啡交易网:http://dpxmsz.cn.b2b168.com/

中国咖啡快消网:http://www.cnprocafe.com/

中国咖啡商城网:http://coffee58.smehi.cn/

咖啡机网：http://www.86coffeeji.com/

上海咖啡机租赁网：http://www.coffeefood.cn/

密思咖啡网：http://www.mercicoffee.com/

云南咖啡：http://www.ynkf.roboo.com/

中国普洱咖啡网：http://www.puerkafe.com/

爱咖啡：http://www.loveicafe.com/

咖世家：http://www.costa.net.cn/

星巴克：https://www.starbucks.com.cn/

雀巢咖啡：http://www.nescafe.com.cn/

蓝湾咖啡：http://www.bluegulf.com.cn/

漫咖啡：http://www.coffeeofchina.com/

动物园咖啡：http://www.zoocoffee.com/main.jsp

微咖啡：http://www.microcoffee.cc/

猫屎咖啡：http://kafelaku.com.cn/

太平洋咖啡：http://www.taipingyangkafei.com/

豪丽斯咖啡：http://www.hollyscoffee.cn/

520咖啡网：http：//520kfw.com/?c=thread&fid=21&tab=digest

众人咖啡网：http://www.12345-6.com/

蜜咖啡：http://www.boluomicoffee.con/

参考文献：

［1］（英）特里斯坦·斯蒂芬森.终极咖啡指南［M］.李龙毅，译.北京：北京联合出版社，2015.

［2］（英）詹姆斯·霍夫曼.世界咖啡地图［M］.王琪等，译.北京：中信出版社，2016.

［3］李伟慰，周妙贤.咖啡制作与服务［M］.广州：暨南大学出版社，2015.

［4］郭光玲.咖啡师手册［M］.北京：化学工业出版社，2008.

［5］（美）苏珊·吉玛.我爱咖啡［M］.何文，译.北京：北京科技出版社，2012.

［6］邱伟晃.咖啡师宝典［M］.北京：中国纺织出版社，2010.

［7］（日）田口护.咖啡品鉴大全［M］.书锦缘，译.沈阳：辽宁科学技术出版社，2016.

［8］胡大一，（巴西）马里奥·马拉奥，（美）达西·阿·里马.咖啡无罪的101个理由［M］.陈步星，译.南京：江苏文艺出版社，2009.

［9］（韩）扑相姬.咖啡狂的笔记本［M］.邱雅婷，译.北京：电子工业出版社，2012.

［10］（日）宫宗俊太.手冲咖啡［M］.周志燕，译.北京：中国轻工业出版社，2016.

［11］太雅生活馆.在家调花式咖啡［M］.长春：吉林科学出版社，2011.

［12］（日）永赖正人.最具人气的花式咖啡［M］.侯永馨，译.北京：中国纺织出版社，2011.

［13］昆明金米兰咖啡学校学习笔记，2010.

［14］中国咖啡网：http://www.kafcipp.com/

［15］咖啡沙龙网：http://cofeesalon.com/portal.php

结束语

做一杯咖啡，让余香成为生活的记忆，
引领我们探索和品味世界的美好。